統帥綱領入門

会社の運命を決するものはトップにあり

大橋武夫

PHP文庫

○本表紙図柄＝ロゼッタ・ストーン（大英博物館蔵）
○本表紙デザイン＋紋章＝上田晃郷

まえがき

現代の企業は「ほんもの」の経営者を待望している。われわれは原点に立ち戻って、経営というものを考え直さねばならないと思う。

経営の原点は人事である。現代の経営者は、厳しい試練に堪《た》えつつ新しい進路を開拓し、企業の体質を改善し、組織力を効果的に発揮して、正しい繁栄に企業を導く重責を担っているが、その成否を決するものは、企業を組織している人間集団の運用である。しかし、われわれは、このところ統率の重要さを見すごしていたことを反省させられる。

統帥綱領《とうすいこうりょう》・統帥参考《さんこう》をお奨《すす》めしたい。この両書は軍の統率を説いた日本軍の貴重な遺産であり、その主張は次の四項に要約される。

一、ピンチはチャンスなり。

二、軍の勝敗を決するものは将帥《しょうすい》にあり。

三、統帥（大軍の指揮）とは方向を示して、後方（補給）を準備することである。

四、統帥と戦略・戦術とは密接な関係があるが、同じものではない。戦略・戦術を人間に適用することが統帥である。

ピタリ……社長学の書ではあるまいか。

統帥綱領・統帥参考・作戦要務令《ようむれい》の三書は、経営には素人の私が、危ない会社を率いて敗戦後の波乱期を乗り切り、今日にいたるため、どのくらい役立ったかわからないものであるが、読者諸賢ならば、私の場合よりは格段に多くの、しかも貴重な示唆《しさ》を得られるに違いないと信じ、その要点に私の考えを付記して、本書をまとめあげた次第である。

昭和五十四年三月

大橋武夫

統帥綱領入門◆目次

統帥参考

統帥綱領

統帥参考

解説

統帥綱領は、日本陸軍の将官と参謀のために、国軍統帥の大綱《たいこう》を説いたもので、わが作戦実行のための指導書である。したがって、これを読めば、日本軍の作戦計画や戦法が察知されるので、軍事機密として、特定の将校にだけ、厳重な管理のもとで、臨機閲覧《えつらん》を許された、文字どおり門外不出の書であった。このために陸軍大学校では、大軍の統帥について講義するため、機密度の低い兵学の書（実行命令をバックとせず、普遍的な）である統帥参考を使っていた。

統帥綱領、統帥参考の二書は、わが国古来の伝統、日清・日露両戦役の経験に、第一次世界大戦に参加した世界各国の戦訓や軍事書の枠《わく》を加えて、書き上げられたもので、日本人の体質に最も適応した兵書である。

この二書は日本陸軍の貴重な遺産であり、たんに兵書としてのみならず、経営書・人生哲学の書としても名著であり、現代における社長学の書として最適である。とくにドラッカーなど、外国の有名な経営学者の論じていることが、この本のいたるところに見られるのは興味深い。また私は経営者として、敗戦後の波乱期を乗り切るにあたり、この二書から非常な指導と激励《げきれい》を受けたものである。

統帥参考は陸軍大学校で編纂《へんさん》したものであるが、その主任者は同校兵学教官の村上啓作中佐といわれている。

村上啓作《けいさく》（一八八九〜一九四八年）
明治四十三年陸軍士官学校卒。大正五年陸軍大学校卒。以後ロシア駐在武官、参謀本部員、陸軍大学校兵学教官、陸軍省軍事課長、第三十九師団長、第三軍司令官を歴任し、昭和二十三年シベリアにて病死。終戦時の階級は陸軍中将。

統帥参考抜粋

一、将帥と幕僚

1　統帥《とうすい》の中心たり、原動力たるものは、実に将帥《しょうすい》にして、古来、軍の勝敗はその軍隊よりも、むしろ将帥に負《お》う所大なり。戦勝は、将帥が勝利を信ずるに始まり、戦敗は、将帥が敗北を自認するによりて生ず。故に戦いに最後の判決を与《あた》うるものは実に将帥にあり。

統帥――大軍の指揮　将帥――大軍の指揮官

■ピンチはチャンスなり

最も有利な状況と最も不利な状況とは同じ姿をしている。従って、恐しいときや苦しいときにはピンチとチャンスの見分けがつかなくなる。

第1図には全く同じ格好をしたものが二つならんでいるが、実は、左の方は最も

有利な態勢であり、右の方は最も不利な態勢である。

図のようになるまでの経過はこうである。

戦いは平押《ひらお》しでは勝てない。勝つためには、決勝点にできるだけ大きな戦力を集中指向しなければならない。

＊　戦勝の要は、有形無形の各種戦闘要素を総合して、敵に優《まさ》る威力を要点に集中発揮せしむるにあり。　（作戦要務令）

＊　戦闘部署の要訣《ようけつ》は、決戦を企図《きと》する方面に対し、適時、必勝を期すべき兵力を集中し、諸兵種の統合戦力を遺憾《いかん》なく発揮せしむるにあり。　（作戦要務令）

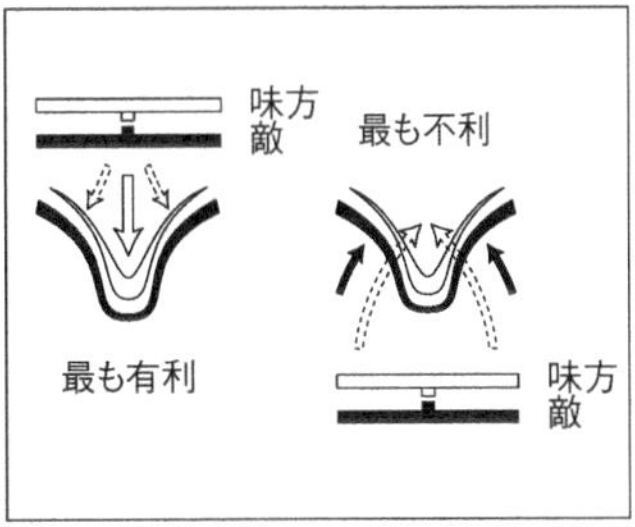

第１図　最も有利な状況と最も不利な状況とは同じ姿をしている

そのため、攻撃では、前線の兵力を削《けず》って打撃兵力を蓄《たくわ》え、これで敵陣に突進する。この力を敵陣の中央に向けると中央突破となり、翼《よく》に向けると包囲となるが（第２図）、突破が成功して、いま一息で敵陣を突き破ろうとする最も有利な決定的瞬間と、敵から両翼を包囲されて、息の根をとめられそうな断末魔《だんまつま》の段階とは、同じ格好になる。

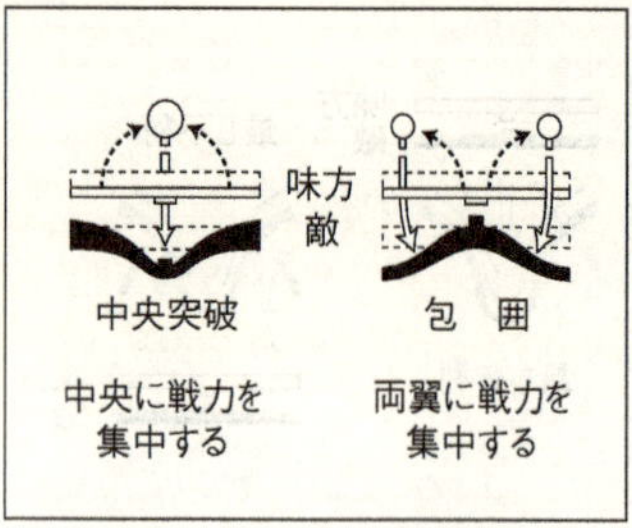

第2図　平押しでは勝てない

我の希望する所に戦力を集中すれば、そこでは勝っても、他の総ての点で敗れることは覚悟しなければならない。ここでトップの英知と意志力が物を言うことになるのである。

経営者は、ピンチはピンチとして冷厳に受けとめねばならない。しかし、せっかくチャンスが来ているのに、これをピンチと錯覚《さっかく》するような者は、一刻も早くその地位を去るべきである。

なお、戦いは彼我《ひが》自由意思の衝突であり、戦争とは意志の勝利である。勝利は物質的破壊のみによって得られるものではなく、敵の戦勝意志を撃砕《げきさい》することによって、初めて獲得できるもので、ジョセフ・ド・メーストルは「敗れたる会戦とは、敗者が敗れたことを自認した会戦である。会戦は決して物質的に敗れるものではない」といっている。

■箕輪城主・長野業政父子の場合

上州箕輪《みのわ》の城主・長野業政《なりまさ》とその子業盛《なりもり》は、一五五九年と一五六三年に、ひとしく武田信玄に対し、同じ所で、同じ部隊をもって、ともに敢闘したが、業政は大勝し、業盛は完敗して滅亡した。統率力において、子は父に遠く及ばなかったのである。

永禄二年（一五五九）武田信玄は大挙して進攻し、鼻高《はなだか》に陣した。急を聞いた業政は直ちに主力を率いて若田原に進出し、これに対した。

両軍満を持して睨《にら》みあうこと半日、折柄の雨に乗じて姿をかくした業政軍は、不意に武田軍の背後に現われ、あっ！　というまに信玄の本陣をかきまわし、さっ！　と引き揚《あ》げてしまった。天下の名将と自負している信玄ともあろうものが、その足もとをさらわれたのである。

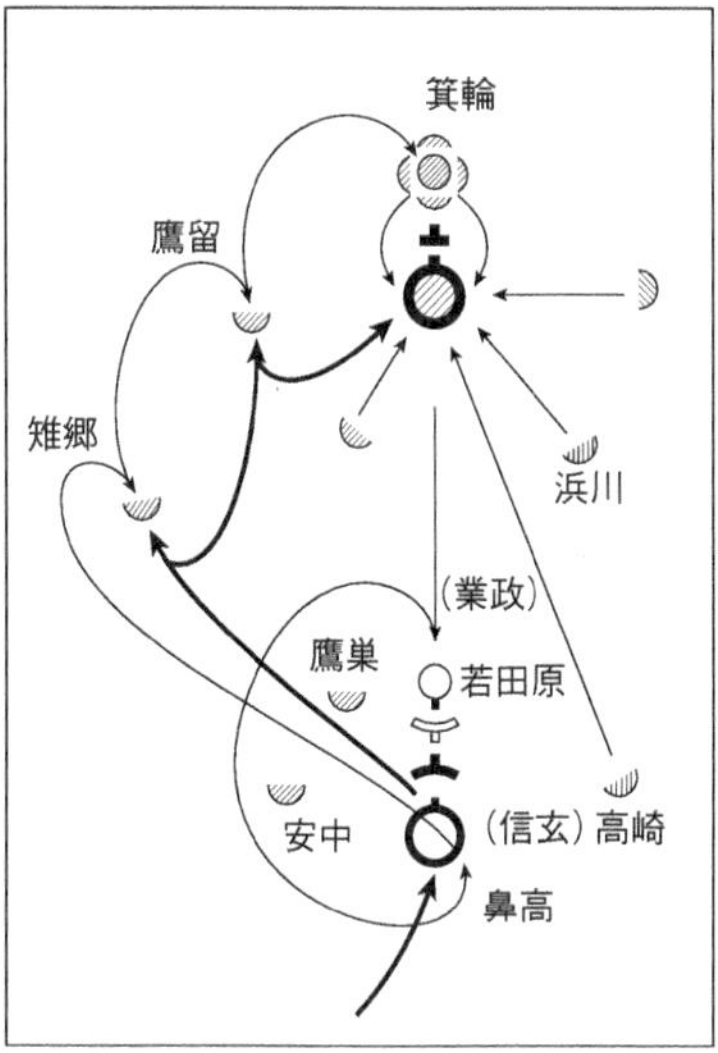

第３図　父（業政）の場合

歯がみをしてくやしがった信玄が「業政を手捕《てど》りにせよ！」と急追し、雉郷《きじごう》―鷹留《たかとめ》の各砦《とりで》を次ぎ次ぎに攻めたてたが、いずれも業政が去った後の空をつき、さらば！と箕輪城に押し寄せたら、各方面から一斉に反撃を受け、袋叩《ふくろだた》きにあってしまった。名将信玄の珍しい大敗である（第３図）。

永禄六年（一五六三）またもや信玄が大挙して攻め寄せて来た。時の箕輪城主は子の業盛である。信玄は前と同じく鼻高に陣し、業盛も父と同様、主力を率いて若田原に進出した。

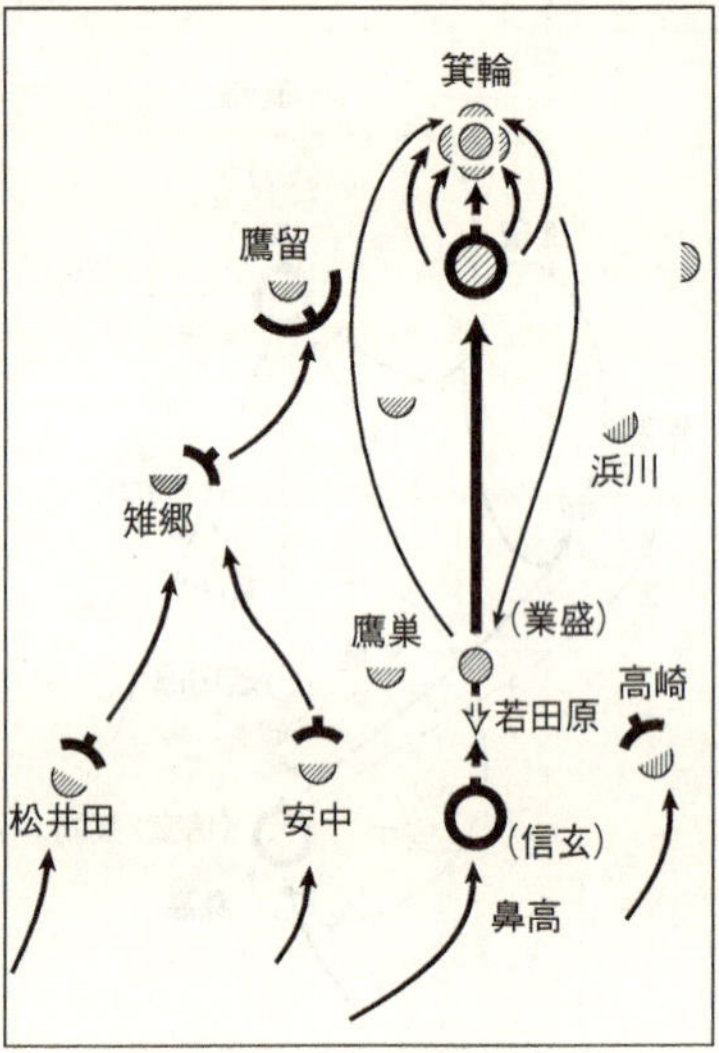

第４図　子（業盛）の場合

業盛は若かったがよく戦った。しかし若田原の決戦はまともにすぎ、しかも時機を失していた。彼の出撃する前に松井田・安中・高崎（和田）の各砦は奪われ、鷹留砦は囲まれていたのである。若田原で孤軍奮闘して敗れた業盛は箕輪城に退き、信玄はこれに追尾して城を囲み、あっさり攻めおとしてしまった（第４図）。

父の業政は、前線の各砦が攻められると、響《ひびき》の声に応ずるように反撃に出たが、子の業盛は反応がおそかった。業政が箕輪城に囲まれると、各砦は一斉に蜂起《ほうき》して敵の後方をついて袋叩きにしたが、業盛の場合にはそれがなかった。業政時代の見事な組織活動は全く姿を没《ぼっ》し、かえって各所で、敵に内応する者さえ出る始末であった（『状況判断』二〇五ページ参照）。

組織体に生命を吹《ふ》きこむもの、それが統率である。

■ピンチをチャンスと見直した小牧・長久手合戦における徳川家康

□小牧の対陣

天正十二年（一五八四）三月、羽柴秀吉軍の先鋒《せんぽう》は不意に犬山城を奪い、月末、その本軍六万が大挙して木曾《きそ》川南岸に進出してきた。驚いた徳川家康は全軍二万を率いて小牧山に急進し、堅固な構えを敷《し》いた。

両軍睨みあうこと十日余り、四月八日朝、家康の本陣に緊急警報が入った。秀吉の別軍二万が岡崎に向かっているというのである（第5図）。

岡崎という本拠をやられては、徳川軍は生きていけない。それに将兵の留守宅もある。しかも全力をあげて出動していて、兵を残していない。家族が危ないとなれ

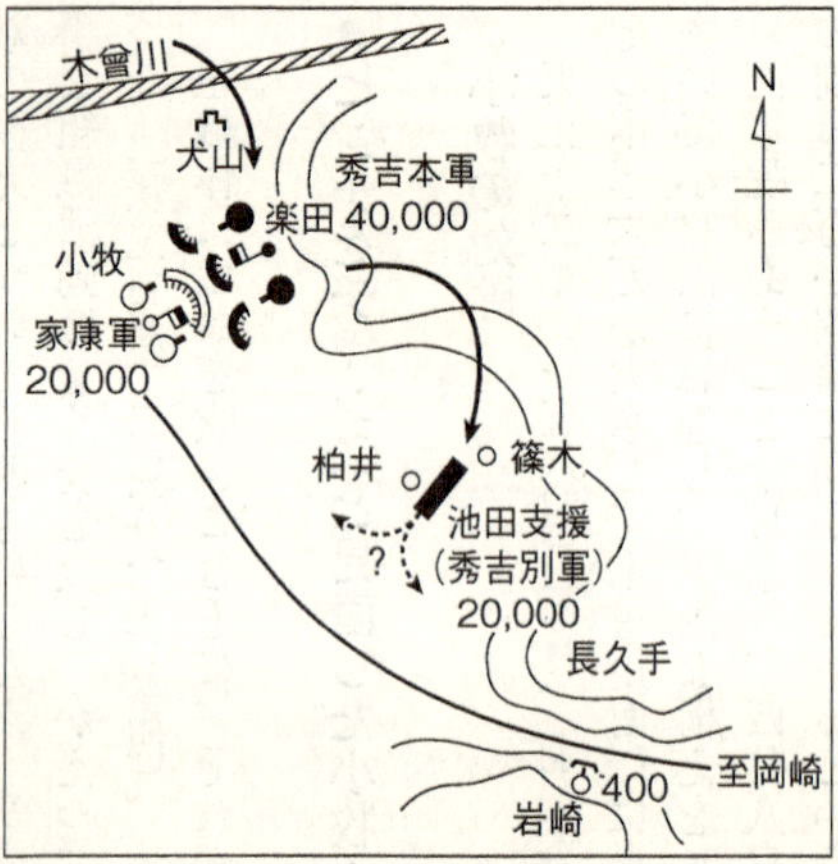

第５図　小牧の対陣

ば小牧の将兵は心理的に動揺し、潰走《かいそう》する恐《おそ》れがある。また、小牧山は見晴らしがよいだけで全然要害でなく、敵の別軍二万が後へ回り、前後から攻められたら手の施《ほどこ》しようがない。

まさに徳川軍のピンチである。全軍愕然《がくぜん》とし、家康側近の将士は色を失ったが、主将家康だけは少しも慌てない。ただ一人、彼だけはこの状況をチャンスと判断していたのである。

□長久手の決戦

四月八日夜、家康は主力一万四千を率いて秀吉別軍の池田支隊を急追し、翌九日払暁《ふつぎょう》、長久手の細長い谷地に頭を突っこみ、岩崎砦の丹羽氏重《うじしげ》に翻《ほん》弄《ろう》されてぐずぐずしているところを、三方から襲いかかり、主将池田勝入の首をあげて、さっ！　と引き揚げてしまった。家康の完勝である（第6図）。

第5図の状況は、家康の部下の目にはピンチとうつり、名将家康の目にはチャンスとうつった。なぜか？

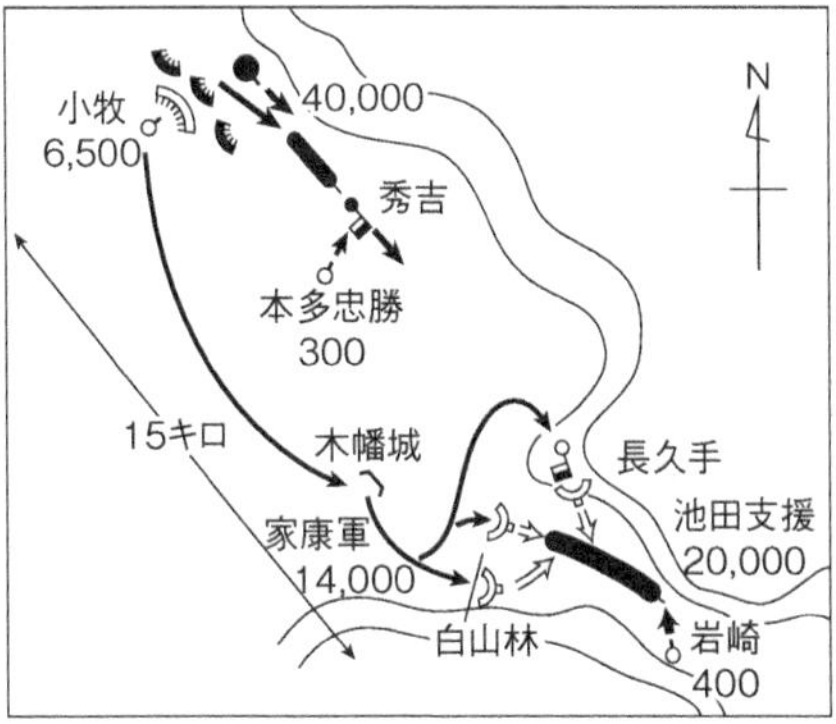

第６図　長久手の決戦

家康の部下は、逃げる目的をもって状況を判断し、家康は、敵を食う目的をもって状況を判断したのである（『名将の演出』五九ページ参照）。

■十三万の敗走ドイツ軍を完勝軍に一変させたタンネンベルヒの会戦

一九一四年八月、第一次世界大戦勃発《ぼっぱつ》とともに、ドイツ軍がその主力二百万を西方国境に展開し、大挙進撃を開始したとき、緊急警報が飛んできた。……「東方戦線が危ない！」という。東方、独露国境には、ドイツ軍は十三万しか配置してないのに、五十万の

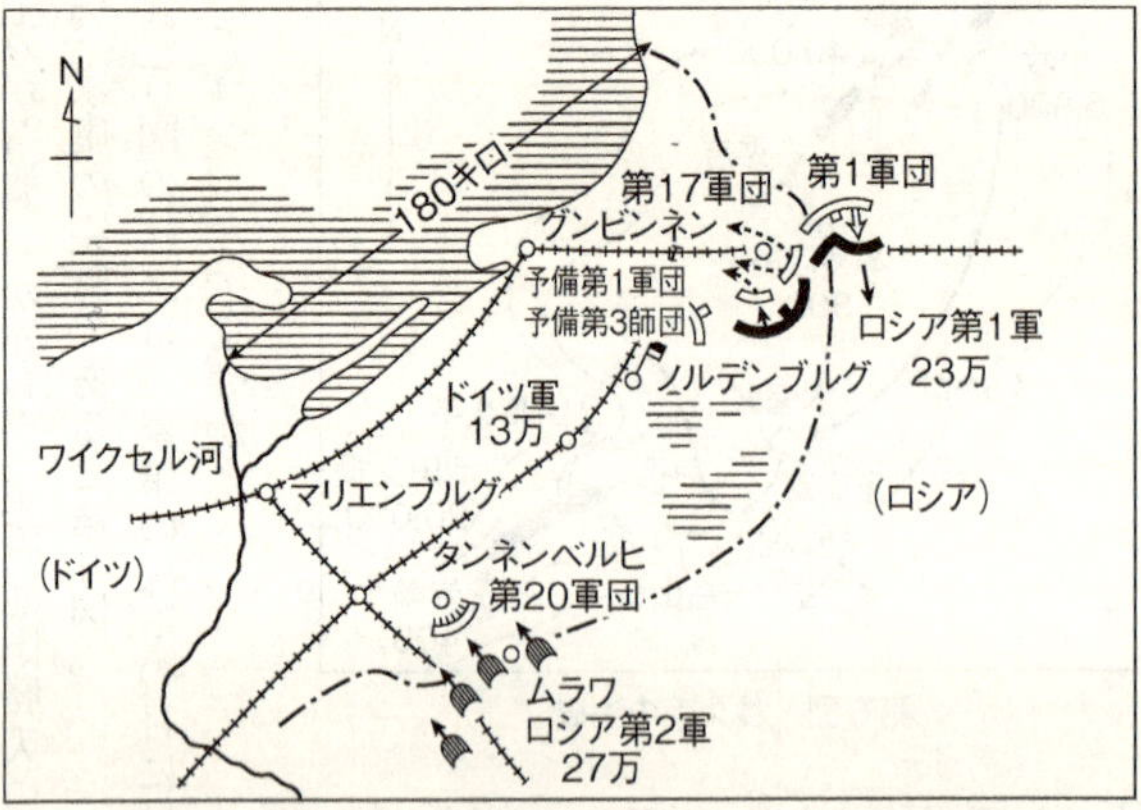

第7図　タンネンベルヒ会戦初期の状況(1914年8月20日)

ロシア軍が進撃してきたのである(第7図)。

苦境に陥《おちい》ったドイツ第八軍司令官プリットウィッツは、東プロイセンを放棄してワイクセル河西岸に退却しようとした。

ドイツ大本営はこの危機において、第八軍のトップ交代を決断した。

一九一四年八月二十三日十四時、特任された第八軍司令官ヒンデンブルグと軍参謀長ルーデンドルフは靴《くつ》音《おと》も荒く、第八軍司令部に駈《か》けこんできた。ところはワイクセル河東岸のマリエンブルグである。

お通夜のように沈みきっていた軍司令部の空気は、二人の到着とともに

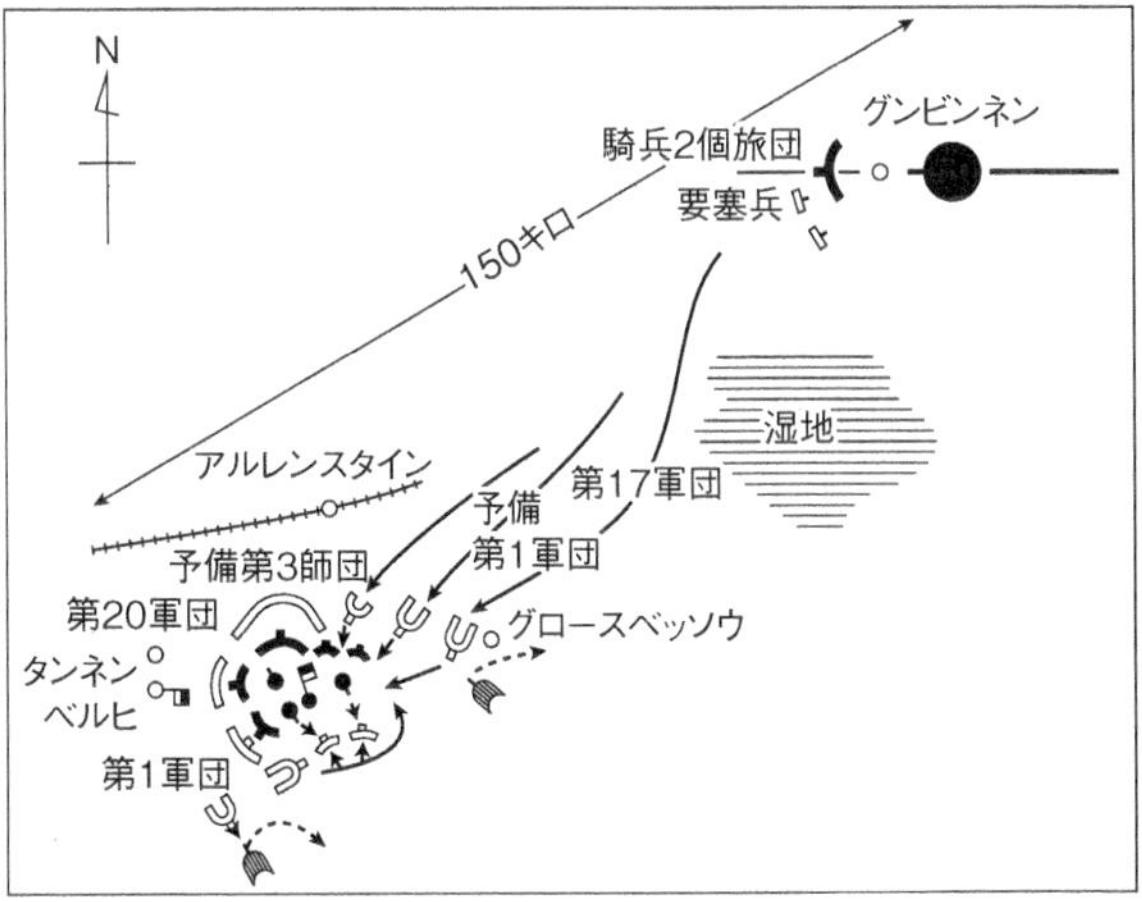

第８図　タンネンベルヒ会戦末期の状況（1914年８月29日）

に一変し、潰走していた十三万のドイツ軍は一転して攻勢に出、わずか二十日足らずの間に、五十万のロシア軍は姿を消してしまった（第８図）。

十三万の敗走ドイツ軍はわずか二人の首脳が交代しただけで、輝《かがや》かしい戦勝軍に一変したのである（『名将の演出』一五七ページ参照）。

こんな例はわれわれの身辺にもある。

プロ野球の選手となるような者は、特別の数人を除き、その個人的技倆《ぎりよう》には大差はなく、すべてが優秀者だと思う。それにもかかわらず、あるチームはつねにＡ級を占め、あるチームはどうしてもＢ級を抜け切れない。

それが監督が変わっただけで、万年テールエンド（最下位）のチームが突然躍進することがある。かつての三原監督と近鉄バッファローズ、広岡監督とヤクルト・スワローズなどがその例である。

かつて東芝は、土光敏夫《どこうとしお》社長の就任によって面目を一新し、また、崩壊必至といわれた佐世保重工が、坪内寿夫《つぼうちひさお》氏の社長就任によって踏みとどまった。

一般に多くの倒産会社は、経営者が交代するだけで、不思議なほどの立ち直りを見せている。会社更生法の庇護《ひご》などの力もあろうが、経営者が変わることにより会社の運命が逆転するということは、会社の盛衰は経営者によって決まるといっても差支えあるまい。

われわれの人生も環境変転の大きな波に翻弄されて、どうにもならないように思えるが、戦後の世相激変時において、同じように荒海に放り出されていながら、ある者は浮かび、ある者は沈み、没落する斜陽《しゃよう》族を尻目に見て旭日昇天の興隆をしている者の出たのは、なにごとによるものであろう。

マキャベリ（一四六九〜一五二七年、イタリア人）は、

▽　君主自身は何の変わりもなく運命に任せきっているのに、今日栄えている者が明日滅びるようなことが、よく起きるのはなぜだろう？

それは運命の方が変わるからである。運命に任せている者は、運命と盛衰をともにする。運命を無視して全然自身を変えない者は、ある時は栄え、ある時は滅びる。運命の変転と自分のやり方の調和に成功した者だけが、いつも幸福でおれることになる。

▽運命には勝てないといわれているが、運命が支配できるのは人間の半分だけで、あとの半分は、運命もわれわれ自身の支配にまかせている。

▽運命は河である。怒り出すと手に負えないが、堤防やダムによってその猛威をそらすことはできる。

▽運命は女神である。彼女を征服するには、叩いたり、突きとばしたりする必要がある。

▽運命は女性に似て若者の友である。若者の、無分別で、荒々しく、大胆なところに魅力を感じる。

要するに、われわれの運命はわれわれ自身の意思によって大きく変化すると、マキャベリは主張しているのである。

一般に一軍の将となり、一社の長となるような人物の個人的な能力にはそんなに大差のあるはずはない。いかなる運転の名人でも、一人で二台の自動車を運転することすらできないのである。

神秘的な力を発揮するトップの秘密はそんなことではなく、その人の統率力である。統率は統御《とうぎょ》と指揮よりなり、統御とは、集団内の各個人に、全能力を発揮して指揮されようとする気持ちを起こさせる心理的工作であり、指揮とは、統御によって沸《わ》き立たせ、掌握《しょうあく》したエネルギーを総合して、集団全体の目標に、適時、集中指向し、促進して、効果的に活用する技術的工作である。

トップが神秘的な力を発揮するのは、まず統御の面において、その人がトップに就任することにより、全組織の人々が奮い立ち、その全能力を発揮するようになることで、これは偉大な働きをする。千人の人が一割よけいに力を出せば、それこそ百人力を増したことになるのである。

指揮の面においてはまず状況判断能力である。非常な苦境に陥った人間の眼には、ピンチとチャンスは同じ姿に映る。したがって同じ状況でも、名将はこれをチャンスとみ、凡将《ぼんしょう》はこれをピンチとみるようなことが起きる。せっかくの好機を危機と錯覚するような将帥に率いられた軍が勝てるはずはない。将帥が軍の勝敗に決定的かつ直接的影響を与える原因は、実にここにある。

長野業政の場合には、彼の統率力が各砦に作用してこれを蜂起させ、組織的戦力を発揮したものであり、徳川家康の場合は、状況判断のための目的を誤らなかったためであり、ヒンデンブルグは、二方面の敵から包囲攻撃されるという一見ピンチの状況を、敵の衝力《しょうりょく》を利用すれば、敵将の性格に乗じ、これを各個に撃破できるチャンスと洞察《どうさつ》したものである。

＊　一頭の羊に率いられた百頭の狼群は、一頭の狼に率いられた百頭の羊群に敗れる。（ナポレオン）

＊　常山《じょうざん》の蛇―善く兵を用いる者は、例えば率然の如し。率然とは常山の蛇なり。その首を打てば尾《お》いたり、その尾を打てば首いたり、その中を打てば首尾ともにいたる。（孫子《そんし》）

＊　父子の兵―絶え（切れ）ていても陣をなし、散っていても行（連絡）をなす。（呉子《ごし》）

2

将帥の責務はあらゆる状況を制して、戦勝を獲得するにあり。故に将帥に欠くべからざるものは、将帥たる責任感と戦勝に対する信念なり。

将帥の価値は、その責任感と信念との失われたる瞬間において消滅す。

国家戦略は政治・経済・思想・外交・軍事などの諸戦略の総合であり、「戦わずして勝つ」のを最高とするが、軍事戦略の部門を担当する将帥の責務は戦いに勝つことにあり、機動・待機・攻撃・防御・追撃・退却などの諸行動の中には、一見これに反するようなものがあるが、それは戦勝獲得行動の一道程にすぎない。

戦勝を獲得するには兵法能力すなわち戦略・戦術の奥儀を演出することが必要であり、これを担当する将帥は危険・肉体的労苦・不確実性・偶然性を処理するための知力と勇気をもたねばならない（クラウゼウィッツ）。そして、極限状態に陥った将帥にこれを可能にするものは、将帥たるの責任感と戦勝に対する信念であって、いかに優秀な兵学者であり、横綱やボクシングのチャンピオンのような強者であっても、この二要素に欠けたものは、戦場における将帥たり得るものではない。

平時の名将が必ずしも戦時の名将でなく、赫々《かっかく》たる戦歴を有する勇将がある日突然凡将に変身するのは、この二条件を欠く（失う）ためで、この将帥は直ちにその地位を去らねばならない。

3　いかに優秀な将帥も、敵に勝つことのできない者は将帥としての価値はない。敵に勝つためには、まず部下の信頼を獲得するとともに、これに確信を与え、戦勝に対する熱烈《ねつれつ》なる信念のもとに、この部下を敵に指向し、万難を排《はい》してこの信念をつらぬかねばならない。戦勝を獲得するためには戦略・戦術の巧拙《こうせつ》よりも、このことの方がはるかに重大な意義を持つ。

物事には必要不可欠のもの（なくてはならないものや条件）がある。

人間が生きていくために飲食物は不可欠である。一般にこのことを口にするのを卑《いや》しむ風があり、教養とか生きがいを論ずることが多いが、それは人生に恵《めぐ》まれすぎているために、根本問題を忘れているのである。

人間は飢えれば何をするかわからない。自分の子を殺して食べた例さえあるし、シンガポールの戦犯の牢獄《ろうごく》では、じゃが芋《いも》の一片を争って高級将校が格闘したという。人生の目的は水と食を獲得することであり、知識人の論ずる高尚《こうしょう》な目的は、それが充足された後のことである。キリストは「人はパンのみでは生きられない」と訓《おし》える。しかし人間はパンがなくては生きられないのである。そしてパンだけでは十分でないことも真実である。

マキャベリは次のように主張している。

▽君主は軍事に専念せよ。

軍事は君主の本務であり、これを忘れて、優雅《ゆうが》な趣味などに心を向けていれば、必ず国を失う。

▽武器なき人格者は滅びる。

▽君主に強い軍隊があるかぎり、善良な同盟国に不自由することはない。

兵法「呉子」の著者として有名な呉起《ごき》（前四四〇～前三八一年頃）がはじめて魏《ぎ》の文侯《ぶんこう》に謁《えつ》したとき、文侯は「私は徳をもって国を治め、外国と交っている。軍事は好まない」と言った。

これに対し呉起は「君、なんぞ言と心の違《たが》えるや……」と反論し「戦国の世に、武を好まないで国を保つことができましょうか……。心にもないことを言われるな」と、本音をかくした建前論を諫《いさ》め、文侯は呉起を宰相《さいしょう》に任用したという。

老子《ろうし》は「佳兵《かへい》は不祥《ふしょう》の器なり」すなわち「軍は精鋭（佳）なものがよい。しかし精鋭な軍は使い方を誤ると凶器（不祥の器）となる」と誡《いまし》めている。また六韜《りくとう》には「聖王は、兵を号して凶器となす。やむをえずしてこれを用う」といっている。

要するに、軍を用うるということは、他人（国）をも自分（国）をも死傷させ、損害を与えることであって、まことに好ましくないが、個人や国が生存していくためには、どうしても必要な場合があるものなのである。この点、マキャベリは次のように割り切っている。

▽君主には悪徳も必要である。しかし、どの程度まで必要であるかをわきまえておれ。

▽君主の美徳が国を滅ぼすこともある。

▽君主はある時には善をなし、ある時には悪をなせ。悪人との妥協も必要であ

る。

社長は、ある程度社業を発展させたら、業界のため、公共のための奉仕の役につく高級な責務がある。しかし金を掴《つか》んだから次は名誉を狙えとばかりに、奉仕役を名誉職と心得て、これに没頭し、本業によって利益をあげるという、一見低級な仕事をおろそかにすると、たちまち没落し、逆に人に厄介《やっかい》をかけるようになる。

われわれの場合でも、金銭に執着するのはいやしいことで、避けなくてはならないが、しかし、全く金銭がなくなれば、悪友さえも寄りついてはくれないのである。

連戦連勝し、オリンピックの金メダルを目指しているようなスポーツチームの監督なら、選手はどんなにしごかれてもついてくる。負けてばかりいるスポーツ監督では、いかに立派な人物であっても、選手をひっぱってはいけないし、第一、周囲が監督の座から引きおろしてしまう。

戦場における人間の最高の欲求は「死なない」ということで、「あの指揮官についておれば死なない」という見込みがあれば、部下はどんな苦労をしてでもついていく。戦場における指揮官にとって大切な条件は「部下を殺さない」ことである。しかし逃げておれば安全か？　といえば決してそうではなく、戦場において死なない秘訣《ひけつ》は、敵に勝つことであり、敵に負けたときの死傷は、敵を攻撃する場合の損害に比し、格段に大きいのである。

国家が将帥に対する期待の第一は敵に勝つことであり、部下の願いもまたそれである。従って敵に勝つことのできない者は将帥としての価値はない。ただし「敵に勝ちさえすれば将帥としての価値がある」というのではない。

4 戦争における勝利は、計画の巧なるより、実施において意志強固なるものに帰す。

戦争は極限状態に陥った将帥と多数の将兵によって、勝敗を争われるもので、決戦期における軍隊は「凡将に率いられる衆愚《しゅうぐ》と化している」と思わねばならない。

このような人間集団によって実行せられる作戦計画はできるだけ単純にして、巧《こう》妙《みょう》複雑なるを避けねばならない。また計画実行の過程においてはあらゆる障害がおこり、不安に陥らせ、遂行をためらわせるような心理的な圧迫を受けやすいので、普通の意志をもっている者では、戦勝を手にすることはむずかしい。

他の兵書も次のように説いている。
▽計画と実行の間には大きな隙《すき》がある。計画の立案者でも、これに当面すると不安を持つ。まわりにある物々しい大道具を取り去って、正体を見直す必要が

ある。

（クラウゼウィッツ）

▽兵は拙速《せっそく》（の成功）を聞くも、未だ巧（巧妙）なるも久しき（の成功）を見ず。兵は勝つを貴びて久しきを貴ばず。

（孫子）

▽戦闘においては百事簡単にして精練《せいれん》なるもの、よく成功を期し得べし。運用の妙《みょう》は人に存す。

（作戦要務令）

先人の主張する如《ごと》く「凡案《ぼんあん》を非凡《ひぼん》に実行する」主義によって成功を期すべきである。

5　戦争においては、百を知るよりも一を信ずるにしかず。百の知識は一つの信念によりて撃倒《げきとう》せらる。

死生の巷《ちまた》において一事を遂行する力を有するものは、知識にあらずして信念なり。

クラウゼウィッツ（一七八〇～一八三一年、ドイツ兵学家）は、

▽軍事活動は簡単で、これに必要な知識は低級なように思えるが、実行してみるとその反対であり、卓越《たくえつ》した知力を備えた者でなければ、遂行することはできない。

▽古来、卓越した将帥は博学多識な将校（知識があるだけの幹部）の中からは出ていない。
▽理論は戦場にまで持ち込むものではない。
▽戦場における人知の活動は、科学の領域を離れて、術の領域に入る。
▽知識の理性を働かすには、その前に勇気の感情を喚起《かんき》しておかねばならない。危機に際しては、理性よりも感情の方が強く人間を支配するからである。生命の危険下における人間は醜態《しゅうたい》の限りをつくすもので、「戦争は過失と錯誤《さくご》の連続であり、その一つでも少ない方が勝者である」とか「戦場において、普通に行動できれば、それで勇者である」などといわれているほどであり、こんな心理状態の人間を支えるものは信念しかない。

6 将帥の具備すべき資性《しせい》としては、堅確《けんかく》強烈なる意志およびその実行力を第一とし、至誠高邁《しせいこうまい》なる品性、全責任を担当する勇気、熟慮ある大胆、先見洞察《どうさつ》の機眼《きがん》、人を見る明識《めいしき》、他人より優越しありとの自信、非凡《ひぼん》なる戦略的識見《しきけん》、卓越《たくえつ》せる創造力、適切なる総合力を必要とする。

資性――生れつき。天性。ここでは性質と能力　至誠――きわめて誠実。まごころ　高邁――気

高くすぐれている　洞察—見抜く　機眼—戦機を看取する能力　明識—物事の真相を見分ける優れた心の作用　非凡—普通でない　識見—物事の真相をはっきり見分ける能力　卓越—ずば抜けて優れている

敵に勝つことを第一とする将帥に最も必要な性質能力は、堅確なる意志とその実行力で、これこそ人を支配し、戦場の主人公となる第一の要件である。

古来、わが国で名将といわれた人々は、ただ堅確強烈な意志、剛勇《ごうゆう》等において卓越していたばかりでなく、人徳を備えていたことは事実である。しかしいかに人徳を備えていても、全責任を負《お》う勇気がなくては、部下を統率することはできない。下級指揮官に行動の自由を与えた場合でも、その結果に関する責任は、つねに上級指揮官がこれを負わねばならない。

利益をあげることのできない者は経営者の資格はない。従って経営者には商才《しょうさい》が必要である。しかし商才があるだけでは、組織を動かして利益をあげることは不可能である。

将帥は卓越せる戦略的創造力と戦略的識見をもつことが必要であるが、これらは戦術的能力のように、平時において練磨《れんま》し発揮する機会がなく、また、平時におけるこれらは戦時においてはほとんど用をなさないので、泰平《たいへい》が続くとともに、適格でない将帥が出現しやすい。

第一次世界大戦（一九一四〜一八年）において、第一会戦で完敗したフランス軍の総司令官ジョッフルは軍司令官以下三十八名の将官を罷免《ひめん》し（その中には前陸軍大学校長ランルザック第五軍司令官がいた）、オーストリア軍の参謀総長コンラードは数名の軍司令官、軍参謀長を罷免し、ドイツ軍にいたっては参謀総長、方面軍司令官を更迭《こうてつ》し、ロシア軍においても罷免された軍司令官、軍団長が多かった。

平時の敏腕《びんわん》にも似ず、実戦場裡《じょうり》において失敗する将帥共通の欠点は、戦勢の推移を支配する要機を看破できず、状況の変転に翻弄され、細事に拘《こだわ》って大綱を逸《いっ》する点にある。

経営者にとっては毎日が実戦であり、常時優勝劣敗の激しい試練淘汰《とうた》を受けているから、前記のような心配はないが、永年の伝統を誇る、業績の安定した大企業には、平時向きだけの経営者や幹部が残っていて、経済変転期においてその欠陥を暴露《ばくろ》し、企業の運命に災いを及ぼすことがあるから、自戒しなくてはならない。

組織の中で育った人間は、時々「私は組織を離れ、肩書をなくした場合に、どのくらいの働きができるだろうか……」と考えてみる必要がある。動物園の猛獣《もうじゅう》であってはならない。

7

将帥は事務の圏外に立ち、超然《ちょうぜん》として常に大勢の推移を達観し、心を策案《さくあん》ならびに大局の指導に専らにして、適切なる決心をなさざるべからず。

これがため将帥には、責任を恐れざる勇気と、幕僚《ばくりょう》を信任する度胸とを必要とす。幕僚とくに参謀長を信頼せず、しかもこれを更迭《こうてつ》する英断《えいだん》なき将帥は失敗す。

策案――はかりごと　専らにして――専念する　幕僚――参謀と副官《ふくかん》をいうが、ここでは参謀のこと

将帥は戦況の進展・幕僚業務の進捗《しんちょく》などの状態を、的確に認識していなくてはならない。しかしそれよりも格段に重要なのは、「白を白・黒を黒」と冷厳に映し出す明鏡《めいきょう》止水《しすい》のような頭脳である。これがなくては、ピンチとチャンスの見分けがつかない。

われわれ日本人は神経過敏《かびん》な国民であり、戦場においてはますますその度が激しくなる特性をもっている。将帥は氷のごとき冷静さと、不動盤石《ばんじゃく》のごとき態度をもって統帥しなければならない。居常《きょじょう》沈静を欠き、焦燥《しょうそう》に駆られやすい者は、とくに日本軍の将帥として不適格である。

＊　君主重からざれば威《い》あらず。　（孔子）

＊　将は専《もっぱ》ら旗鼓《きこ》を司《つかさど》るのみ。難に臨《のぞ》み疑を決す。　（尉繚子《うつりようし》）

孫子は「将軍の事は静にして幽《ゆう》なり」といっている。事は表情態度。幽は奥深いこと。静幽は心の持ち方についていう。「将軍の表情態度は冷静で奥深く、外部からはその心を測り知ることのできないものがある」という意味である。

社長にりっぱな社長室を提供し、環境を整えるのは、頭脳を冷静に保ち、適切な判断ができるようにするためである。すなわち社長が偉いからではなく、会社のためにその頭脳を貴重とするからである。誤解してはならない。

非常事態において、その真相を見極め、白を白とし、黒を黒とする、白紙的頭脳がいかに重要なものであるかは、大東亜戦争終結時における天皇の「敗戦の決断」において、その適例を見ることができる。あの時「敗戦する」と公言できる人は、天皇以外になかったのである。

将帥が頭脳を冷静に保つためには、統帥事務を幕僚に委任しなければならない。しかし将帥は重大なる責務を負わされており、戦況の推移に一喜一憂して、居ても立ってもいられない心境にさいなまれるものであり、また一般に幕僚よりは有能で、とくに彼らより先が見えるので、傍目八目《おかめはちもく》の立場にあることも手伝って、幕僚の仕事を黙視《もくし》するに忍《しの》びず、つい口出ししたくなるのが人情である。

この本能的衝動《しょうどう》を押えて「策案と大局の指導」に専念するためには、大きな勇気と度胸とを必要とする。この勇気と度胸のない者は、頭脳の白紙化ができないのであるから、自らその地位を去らねばならない。勇気と度胸があっても、幕僚の方に、これに応える性質と能力がない場合には、思い切って更迭しなければならない。

8　将帥は部下の努力を有意義に運用し、徒労に帰せしめざる責任を有す。

人間、無駄《むだ》働きをさせられたときほど、がっかりすることはない。命令変更が指揮官に対する信頼を喪失することの甚《はなは》だしいのは「前の命令に従って努力したことが無駄になった」という失望感を与えるからで、そのため、

▽威は変ぜざるにあり（軽々しく命令を変更すると威信を失う）。（尉繚子）

▽命令は小過《しょうか》（小さな間違い）なれば改めず、小疑《しょうぎ》（小さな疑惑）なれば中止せず。（尉繚子）

▽将は還令《かんれい》（命令変更）することなし。（三略《さんりゃく》）

▽指揮官は一度《ひとたび》定めたる決心はみだりにこれを変更すべからず。（作戦要務令）

などと言われている。

しかし、部隊がそこに位置するだけで、何もしなくても全隊のために貢献《こうけん》していることがある。また部隊を右往左往《うおうさおう》させることは、必ずしも指揮官の迷いによるものではない。これらによる部下の不信不満を予防するためには、全般の状況とその中における部隊の役割、指揮官の意図《いと》などをよく説明しておく必要がある。なお、軍の作戦行動や警察活動の九九%は待機と移動である。

自分の意思によるものでも、仕事のヤリ直しは嫌なもので、例えば、天候が悪くなったら、九合目まで到達している登山も中止しなければならず、ドライブで道に迷ったら、その道を引き返さねばならないのはわかっていながら、これを実行する勇気を持てなくて、失敗するのは、それまでの努力に未練《みれん》があるためである。

経営者は、部下に無駄働きをさせてはならない。社長は社員のいかなる労働力でも、これを効果的に給料に結実《けつじつ》させる責任を持っている。

■徒労

最も残酷な懲罰《ちようばつ》は、決して打ったり叩いたりすることではない。ある残忍な城主が捕虜《ほりよ》たちを苦しめるために行った懲罰は「城壁の石垣《いしがき》を築かせ、築き終わるとこわさせ、こわし終わるとまた築かせる」という重労働をはてしなく続けさせることであった。「山の頂上に石を運び上げさせ、運び上げるとそれ

第9図　ロバは終日歩いている

を転がり落とさせ、また運び上げることを繰り返させた」ともいう。

十九世紀のイギリスの監獄では「砲丸置《ほうがん》き」という刑を行った。重労働の囚人を一列に並ばせ、号令とともに「各自の前においてある十キロほどの砲丸を持ち上げ、一歩進んで地上に置く動作」を一日中繰り返さすのである。砲丸は庭の一方から他方へ移動するだけで、多くの囚人は発狂《はっきょう》状態になるという。

一里塚《いちりづか》や終着点のない仕事ほどやり切れないものはない。大海の水を汲《く》み出すような仕事、桶《おけ》の水をもう一つの桶に移し、またもとに戻すような作業をさせてはならない。

知能を有する人間にとっては、意義のない、非生産的な、単純な仕事を繰り返させられるほど辛《つら》いことはない。しかし動物に近い人間は平気である。中国のロバは、終日石臼《いしうす》のまわりを歩いていても平気である。ロバの背には石臼の柄《え》が結びつけられていて、ロバがまわるとともに石臼がまわって、粉をひいたり、籾《もみ》をすったりするのである。眼があると気が散るというので、眼をつぶされているものもあって気の毒であるが、ロバは一向に平気である。朝早く飼主の号令で動き始め、次の声がかかるまで黙々と歩き続け、悠然《ゆうぜん》としている。

■一里塚

やる気をおこさせるには、最終目的のほかに当面の目標を明示し、労働効果がはっきりわかるようにしてやることが大切である。バーがなければ高とび競技はできない。百里を歩かせるには、一里毎《ごと》に一里塚を作って、茶店を設《もう》けねばならない。

私一人ぐらい働いても働かなくても大勢に影響しない、と思わせるような仕事の与え方はいけない。仕事を適切に区分し、これに必要最少限の人員を配当して、むやみに大きな職場を作らないことが大切である。

9 危急存亡の秋《とき》に際会《さいかい》するや、部下は仰《あお》いでその将帥に注目す。

企業が真に経営者を必要とするのは不況の時であり、好況時の企業はとくに経営しなくても繁栄を続けることができる。不況時における経営者は「このときこそが出番である」との認識のもとに、その存在を明示し、社員の士気を鼓《こ》舞《ぶ》するための演出に努力しなければならない。

社長室の隣《となり》に浴室を持っている友人がいる。鏡を見て、不景気な顔をしていたら一風呂あび、血色をよくしてから店頭に出るのだという。

社長はつねに社員を見ていることが大切であるが、それよりも大切なのは、つねに社員に見られていることである。従って社長室の位置は、経営に重大な関係がある。これについて、他の兵書は次のように主張している。

▽　将は楽しむべくして、憂《うれ》うべからず。将憂うれば内外信ぜず。（三略）

▽　大衆将兵の中に芽生えた不安の念が、大衆将兵自らの意志で支えきれなくなると、その依頼心《いらいしん》は指揮官の上に重くのしかかってくる。（クラウゼウィッツ）

▽　指揮官の価値の現われるとき。……不利な戦況などにより冷却した将兵の心は、指揮官の胸に燃える焔《ほのお》と頭脳の光とによって再び燃えあがらされ、照し出されねばならない。この力のない指揮官は、逆に意気地のない将兵のムードの中に引きこまれてしまい、統率力を失う。このムードの引力は人数の増大とともに加重するから、地位の高い者ほど大きな力で持ちこたえねばならない。

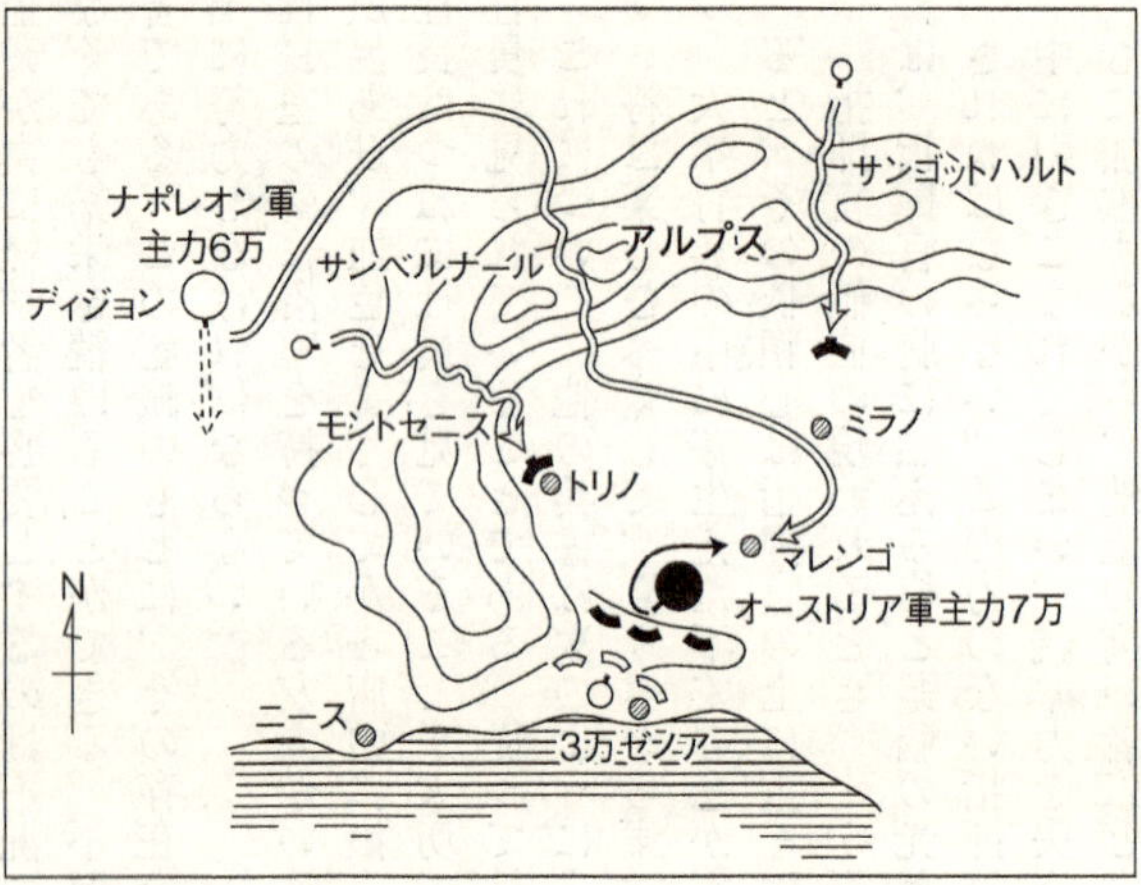

第10図　ナポレオン、アルプスを越える（1800年5～6月）

（クラウゼウィッツ）

上級幹部になるほど、事態に対する心配は大きくなるものである。しかし苦しくなるほど、部下は上級幹部の顔を見る。幹部とくにトップには気力が必要である。

■マレンゴ会戦におけるナポレオン

一八〇〇年六月のマレンゴ会戦においては、敗退していたフランス軍も、駈けつけたナポレオンが、その雄姿をラ・ポギの丘上《きゅうじょう》に現わすと、俄然《がぜん》勢いを盛りかえして大勝した。以下その経緯を述べてみよう。

強敵オーストリア軍に対して

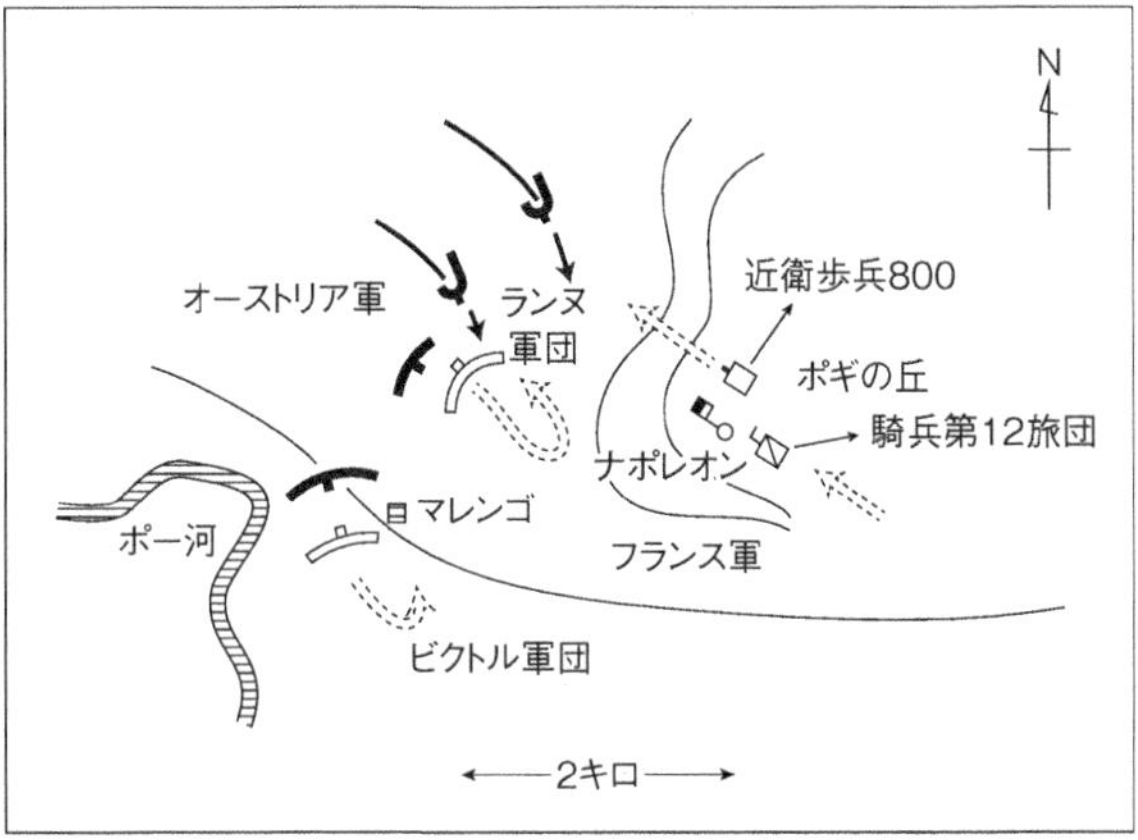

第11図　マレンゴ会戦におけるナポレオン（1800年6月14日）

は、尋常《じんじょう》一様なことでは勝てないと、ナポレオンは奇想天外な作戦を考えた。……アルプス山を越えて在伊（イタリアに進駐していた）オーストリア軍の背後を襲《おそ》う考案である。

一八〇〇年五月、ナポレオンは衆人《しゅうじん》の反対を押し切って、雪のアルプスに軍を進めた。

アルプス越《ごえ》を敢行して、ひそかに敵の背後に進出したナポレオン軍は、六月十四日、ミラノ南西八十キロのマレンゴ付近で、オーストリア軍主力を東方より急襲して、決戦をいどんだ。

しかし墺《おう》将メラスの巧妙な作戦にひっかかって大敗し、とくに右

第12図　マレンゴ会戦におけるナポレオンの演出

翼のランヌ軍団は、優勢なる敵軍の包囲攻撃を受けて危機に瀕《ひん》した。

この時、前線に駈けつけたナポレオンは、直ちに直属《ぞく》の精鋭、近衛歩兵八百を放《はな》って、ランヌ軍団の右側背《はい》に迫った敵を反撃するとともに、自ら騎兵《きへい》第十二旅団の先頭に立って、ランヌ軍団直後のラ・ポギの丘に急行した。

ランヌ軍団の兵は、このときの状況を次のように語っている。

「……わが部隊はまさに敗走しかけていた。その時ナポレオンが現われて、幕僚と毛皮の帽子を被《かぶ》った二百騎の近衛騎兵を従えて、大平原中央の丘上に馬を立てた(第12図)。

白馬に跨《またが》る彼の勇姿を望見《ぼうけん》したわれわれは、電撃的《でんげき》に勝利の確信を与えられ、一挙に勇気を回復し、いったん逃げ散った兵たちも一斉に引き返して、戦列に加わった。……」

かくてナポレオンは、混乱状態に陥っていた部隊を巧《たく》みに集結し、夕刻には全軍をあげて攻勢に転じて大勝し、敵軍を降伏させてしまった。

一八一〇年頃以後、フランス軍が漸次《ぜんじ》斜陽化した時期においても、ひとたびナポレオンが陣頭に立てば、彼の将兵はなお昔日《せきじつ》のごとく勇武であった。

■泰然自若として腰を抜かす

絶体絶命の窮地《きゅうち》を乗りきって、逆転大勝をつかんだ名将の実相《じっそう》を探求するに、強固なる意志のもとに、戦略・戦術の妙を駆使してピンチをチャンスとしたものは約半数で、残の半数は、万策つき、泰然自若《たいぜんじじゃく》として腰を抜かしていたものである。

こんな時には、敵も我以上に苦境にあるもので、とくに敵将が知将である場合には、精神的に自壊《じかい》し、われより先に敗けてしまい、こちらは図らずも戦勝将軍となってしまう。また「台風一過」ということもあり、すべてのピンチが永続するというものではないので、我慢している間にチャンスと入れ替わることもあるのである。

われわれが内心「泰然自若として腰を抜かしている」場合でも、敵や部下の目には「自信満々で悠然としている」のと同じ姿に映る。……中途半端で右往左往するのが一番いけない。

＊日露戦争（一九〇四～〇五年）における遼陽《りょうよう》会戦において、太子河《たいしが》を渡って敵の東翼《とうよく》を包囲した第一軍は、九倍の敵の反攻を受けて危機に瀕したが、よく堪《た》えて、戦勝をつかんだ。しかし、この絶体絶命の死地《しち》において、黒木為楨《ためもと》軍司令官は一人離れて眠っていたという（『戦略と謀略』一六四ページ参照）。

＊同じく、一九〇五年一月の黒溝台《こっこうだい》会戦において、わが左翼が約十倍の敵の集中攻撃を受け、日露戦争中最大の危機に当面したとき、敵の大軍の圧倒的な包囲攻撃を受けて死地に陥っている秋山支隊の安否を心配し、満洲軍総司令部の田村参謀はただ一騎、弾雨《だんう》の中を駈けぬけて支隊司令部にとびこんだところ、秋山少将は汚いアンペラの上にあぐらをかき、背を丸め、黙然《もくぜん》として地図を眺めていた。「おれにできるのは、こうしてここに座っていることだけだ」と水筒の蓋《ふた》を渡して、中のブランデーを注《そそ》いでくれたという（『戦略と謀略』一七二ページ参照）。

10

幕僚は所要《しょよう》の資料を整備して、将帥の策案・決心を準備し、これを実行に移す事務を処理し、かつ軍隊の実行を注視《ちゅうし》す。

軍隊に命令を下し、これを指揮するは、指揮官のみこれを行うを得《う》べく、幕僚は指揮官の委任なければ、軍隊を部署《ぶしょ》する権能《けんのう》なきことを銘心《めいしん》するを要す。

部署――指揮下にある軍隊を区分し、任務を与えることをいう。指揮下にない場合は区処《くしょ》
策案――策を考える

参謀は、組織力を効果的に発揮するために非常に役立つもので、事実、各兵団が十分に機動力、戦闘力を発揮できるかどうかは、主として幕僚勤務の良否に関することが多い。とくに大兵団の機動力発揮などは、主として指揮官の適時適切なる決心と幕僚事務の敏活《びんかつ》にして周到《しゅうとう》、しかも統一と連繫《れんけい》ある実施によるところが多く、軍隊の行軍速度などは次等《じとう》の問題である。

われわれの場合でも、多数の自動車を運用する場合、早く目的地に到達させるためには、スピードを上げさせるよりも、出発時間をすこし早め、交通整理をよくする方がはるかに役に立つ。

参謀は、組織力を効果的に発揮するために非常に役立つものであるが、参謀制は両刃《もろは》の剣《つるぎ》であり、一歩その用法を誤ると、組織そのものを崩壊させてしまう。

これを防ぐには、参謀の分限《ぶんげん》を明確にして、厳《げん》にその越権《えっけん》を戒《いまし》めるとともに、スタッフなのか、ラインなのか？　性格のはっきりしない職制《しょくせい》を設けないことである。ライン・スタッフ制失敗の原因のほとんどが、スタッフの越権である。

参謀には命令権はない。状況判断をして指揮官を輔佐《ほさ》するが、指揮官の決心を輔

佐することはできない。責任者ではないからである。

軍隊の指揮に関しては、事の大小を問わず、幕僚の裁量《さいりょう》によって実行することはできない。ただし後方勤務・情報勤務などにおいては、委任された範囲内において、幕僚の裁量により実行せられるものが少なくない。

＊幕僚は決して指揮官ではない。これを混同すれば、軍はたちまち無政府状態に陥る。（デプネ）

＊いかなる名参謀も、将帥の決断力不足だけは輔佐することはできない。（クラウゼウィッツ）

参謀は監督《かんとく》者ではない。命令を伝達し、部隊のその実行状況を注視するが、決して監督し、督戦《とくせん》するような素振《そぶ》りも見せてはならない。実情を見てきて、そのまま報告するだけである。

参謀は考案者であり、演出者である。やる気と開発意欲をもち、アイデアマンでなくてはならないが、それだけでは軍師やコンサルタントになってしまう。自分の考案もしくは将帥の発案にもとづく構想を実現するための演出能力をもたねばならない。

■参謀のための十ヶ条

一、参謀は考案者であり、演出者である。
二、参謀に命令権なし。
三、参謀は発想せよ。やる気と開発意欲を持ち、アイデアマンであれ。
四、参謀は世論を代表せよ。あらゆる意見を代弁《だいべん》できねばならない。
五、参謀は冷厳非情に計算せよ。感情に動かされないで、的確に状況判断をしなくてはならない。
六、参謀はトップになったつもりで考えよ。スタッフはトップの裏方《うらかた》である。
七、参謀は足で稼《かせ》げ。事実確認が参謀業務の基礎である。現場に姿を見せることは最高の激励《げきれい》になる。
八、参謀は減摩《げんま》オイルである。人間心理を洞察できて、話上手でなくてはならない。
九、参謀は一つでよいから優れた現場能力を持て。相手によっては、これが最高の説得力となる。

十、参謀は人を馬鹿にしてはいけない。
生意気だと思われた参謀の意見は通らない。

二、統帥の要綱

11

人は意思の自由を有して、自己の存在を意識し、その存在をなるべく永く保持せんとする本能を有す。

統帥は、部下および敵の意思の自由を奪《うば》いて、これを自己の意思に従わせるものであり、統帥に関する学理《がくり》は意思の自由に関する学理である。

統帥する場合には、わかっている自身の意思と半分わかっている部下の意思と全くわからない敵の意思とが、いずれも死に直面しつつ、それぞれが自由を主張して活動するものであり、この実態を見きわめつつ、目的達成のために、その調和をはからねばならないところに、統帥のむずかしさがある。

統帥は、敵の意思の自由を制御《せいぎょ》することを狙うが、自分と部下の意思の自由はできるだけ制御しないことが大切で、とくに部下の意思はできるだけ自由奔放《ほんぽう》に活動させ、組織に活性を与えることが必要である。

「最高の組織とは？」との質問に対して孫子は、

▽善《よ》く兵を用《もち》うるものは率然《そつぜん》のごとし。率然とは常山《じょうざん》の蛇なり。その首《かしら》をうてば尾《お》いたり、その尾をうてば首いたり、その中をうてば首尾ともにいたる。といい、組織は有機的（一つの生きもののよう）に活動させねばならないと、主張している。

統帥は、たんに統帥者の努力だけでは達成できるものではなく、部下に「統帥されようとする気持ち」がなくてはならない。部下が統帥資料を提出せず、「進んで統帥者の意思を確めて、これを尊重《そんちょう》する気持ち」がなくては、いかに名将が統帥に努めても、成功するものではない。

統帥における部下の意思制限の程度は、各国の事情によって異なる。大モルトケ（一八〇〇～九一年）の統帥は訓令《くんれい》戦法と言われ、「各軍司令官の自主積極的で活発な作戦行動を、巧みに全般の目的に総合指向して、成功した」と賞讃されているが、仔細《しさい》に観察すると、放漫《ほうまん》に失し、各軍の独断的行動に引きずられて、自分の意図外の戦闘をひきおこしてしまったことも少なくない。それにもかかわらず、その欠陥が暴露《ばくろ》しなかったのは、彼が、各軍の努力を全局の勝利に結実させて、収穫《しゅうかく》する能力をもっていたからである（『名将の演出』一〇一ページ参照）。オーストリアの名将コンラードの統帥は、各軍を強く統制し、干渉《かんしょう》に過ぎたと思われるほどであるが、軍が各種民族の混合という特別事情（前進！　の号令にも、七ヶ国語を使わねばならなかった）に適応したものであった。

意思の自由をもつ敵は必ずしも戦理《せんり》にあった行動をとるとはかぎらず、かえって戦理に反する行動に出ることが少なくない。統帥者は戦略・戦術の学理をきわめ、敵軍の特性をよく知り、できるだけ多くの情報を集めて、敵のとるべき至当《しとう》なる行動を論理的に判断する能力を養うとともに、事に当面して感知する機微《きび》なる兆候《ちょうこう》によって、戦理上至当でない敵の企図・行動をも適時看破する機眼・明識をも持たねばならない。敵の意思に自由のあることを忘れ、その行動をわが主観《しゅかん》によって定めて行う統帥は、多くの場合失敗する。

ナポレオン一世（一七六九〜一八二一年）や大モルトケなどが、時に敵情判断を誤ることがあっても、よく戦機を捕捉し、状況の変化に適応する統帥をすることができたのは、敵に意思の自由のあることを前提として、一つの判断に執着《しゅうちゃく》しなかったからである。大モルトケが「戦略は機宜《きぎ》を制する方策なり」あるいは「戦略は状況の変化に善処する方策なり」と主張したのは、この意味のことである。しかし、これは「敵のとりうるあらゆる行動に対応するように作戦を指導せよ」ということではない。これでは敵に追随《ついずい》して、先制主動の利を放棄してしまう。硬直凝《ぎょう》固《こ》の統帥がいけないのである。主動的統帥を実施して、自主的行動をとるとともに、つねに敵に意思の自由があることを念頭におき、統帥に弾力《だんりょく》性を失わないようにすることが大切である。

われわれの場合でも、よく学者の説くところを聴いて、経済情勢の推移に注意していることが大切であるが、「経済学者が株で大儲《もう》けをした」のを聞いたことがないのでもわかるように、実際に経済情勢を動かしている者の多くは経済学を知らないのであるから、経済学者の予想を裏切る事態が現出することは当然であり、われわれはこれを当然のことと、予期しておらねばならない。すなわち「まず計算し、しかる後これを超越《ちようえつ》すること」が大切である。

12 統帥は戦略・戦術と密接なる関係を有す。しかし戦略・戦術と統帥とは同じものではない。

統帥とは、戦略・戦術を、意思の自由の本能を有する人間に適用することである。

統帥と戦略・戦術とは違う。したがっていかに戦略・戦術の大家《たいか》でも、優秀な将帥になれるとはかぎらない。

将帥には戦略・戦術が必要である。しかし、将帥が「死の恐怖感にとらわれている人間」に、これを実行させる統率力をもっていなくては、役に立てることができない。

経営者に経営学は必要であるが、「経営学さえ知っていれば経営できる」と思うのは間違いである。それが証拠には、優秀な経営学者の経営する会社が倒産することがあるのである。しかし、このことによってその経営学者の経営学を蔑視《べっし》してはならない。経営学と経営とは違うものであり、経営者は経営学を知り、さらにこれを「働かないで給料を多く取ろうとする」人間に適用する統率力を持たねばならないのである。

経営は作戦と同様、結局は組織の効果的運用であり、それを可能にするものは幹部とくにトップの統率力で、私が十数年来「兵法経営」を提唱してきた理論的根拠はここにある。

■兵学的には光秀満点、秀吉零点の山崎合戦

羽柴《はしば》秀吉と明智光秀とは、織田信長の部将のうちの二俊秀《しゅんしゅう》で、信長の慎重性と計算性を受け継いだのが光秀、決断性を受け継いだのが秀吉である。信長のこの二人の相弟子がその秘術をつくして決戦したのが、本能寺の変直後（天正十年六月十三日）の山崎《やまざき》合戦であり、それだけに教えられるところが多い。

第13図は山崎合戦の要領図《ようりょうず》であるが、どう考えても光秀の作戦の方がよくでき

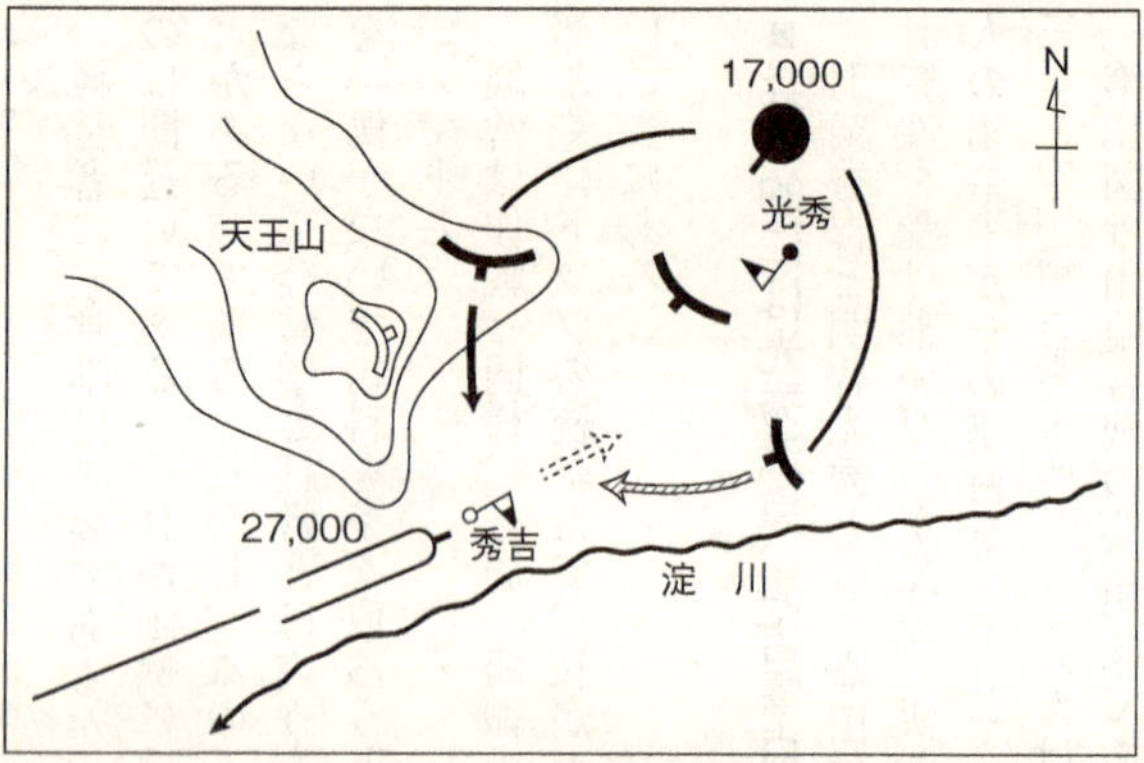

第13図　山崎合戦の要領

ている。

山崎合戦は「敵の機先を制して天王山《てんのうざん》を取り、これを軸《じく》にしてブランコのように京都平地へ飛び込んだ秀吉の名作戦」として有名であるが、この図をよく見ると、光秀の方は「敵から見えないところに、逆八形に開いた罠《わな》を設けておき、盲滅法《めくらめっぽう》で突進してくる秀吉軍を懐《ふところ》に抱きこんで、右またはは左からとどめを刺そう」というのである。

また、秀吉軍は優勢であるが、狭い隘路《あいろ》口に展開できる兵力はせいぜい三千であり、光秀軍は一万七千をあげて、これに襲いかかれるのである。どうみても光秀の方が妙《みょう》案であり、これで勝てなかったのはどうにも不思議である。

第14図は、本能寺の変から山崎合戦にい

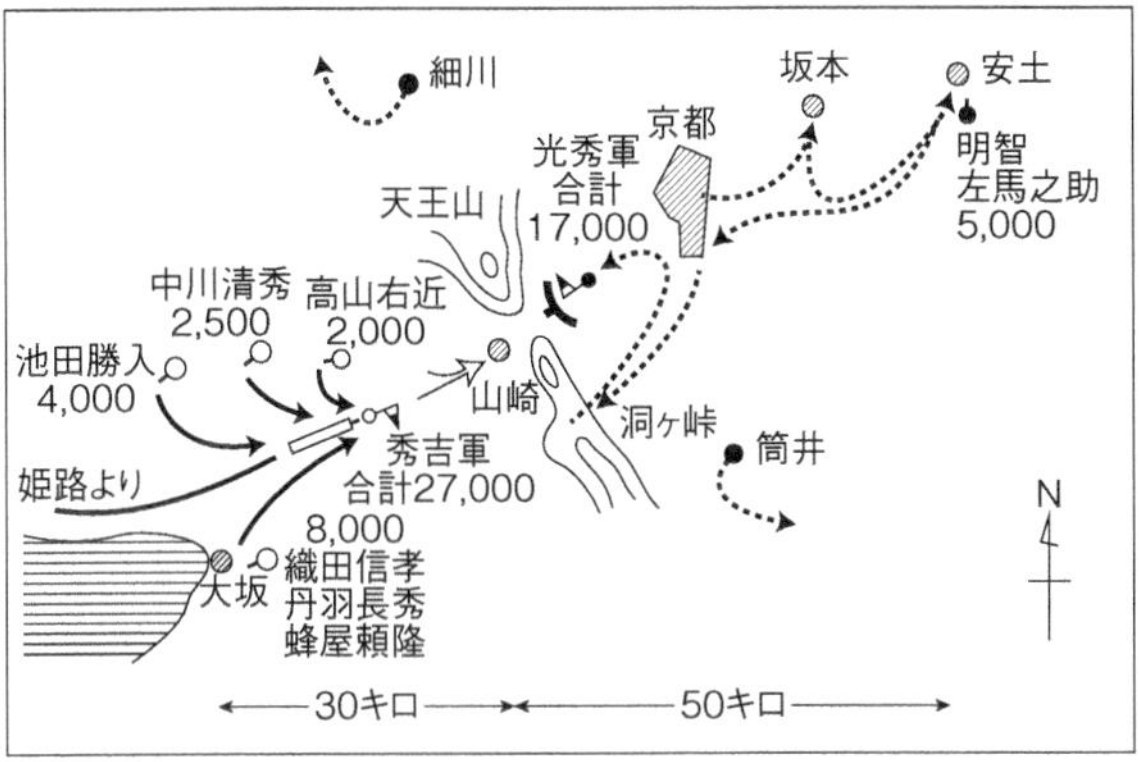

第14図　山崎合戦で両軍主将の描いた軌跡

たる両軍主将の描いた軌跡である。

明智光秀は、六月二日の夜明け前に本能寺を襲って信長を討った後、まず坂本の本拠に帰って留守の家族や将士を安心させた後、信長の居城安土《あづち》城を襲って財宝を奪っている。

この安土に片腕とたのむ部将明智左馬之助の率いる精鋭五千を残し、引き返して京都を宣撫《せんぶ》し、洞ヶ峠《ほらがとうげ》まで西進して情勢を観望《かんぼう》した後、今度は鳥羽《とば》まで引き返して後方を整理し、山崎の戦場に到着している。しかしこの間、頼みにしていた細川藤孝《ふじたか》と筒井《つつい》順慶《じゅんけい》の二大同盟軍は離反《りはん》してついに来会《らいかい》せず、戦場付近の組下《くみした》軍（彼の指揮下に中国へ出陣する予定の軍）はすべて敵方に走ってしまい、最初は秀吉よりはるかに優勢な兵力を擁《よう》していた光秀も、山崎の決戦場で使うことができた兵力は一万七千にすぎなかった。

一方、「六月二日払暁、信長死す」との悲報を、高松城水攻め中の秀吉が手にしたのは、翌三日の夜である。

彼は直ちに転進を決意し、信長の死を秘して毛利軍と和し、一兵も残さず戦場を引き揚げた。もっとも「負けたのではないぞ！」と内外に明らかにするため、敵味方からよく見える水上に舟を出させ、その上で、高松城主清水宗治《むねはる》に腹を切らせている。

七日、基地の姫路《ひめじ》に帰るや否や、城中に蓄えていた金銀米麦をことごとく家来に分けてやり、「勝っても負けても、再びこの城には帰らぬ」との決意を示し、九日には早くもここを出発している。

秀吉は火の玉になって東へ走った。後方は空っぽである。彼の物凄《すご》い勢いに巻きこまれて、戦場付近にいた光秀組下の諸軍や、大坂でまごまごしていた織田信孝《のぶたか》の軍などが続々合流し、山崎に近づく頃には、一万の軍が二万七千にふくれあがっていた。

六月十三日、彼はその全部を決戦場に投入して圧勝した。

この山崎合戦における光秀の行動は、まことに合理的であり、戦略・戦術の定石を踏んでいささかのぬかりもなく、コンピュータにかけたら満点と出るであろう。

それに反し秀吉の方は八方破《はっぽうやぶ》れの隙《すき》だらけで、いくら親切な先生でも点のやりようがない。完全に零《れい》点である。

しかし、知恵者光秀にも大きなぬかりがあった。それは第14図にみる光秀の軌跡は、合理的に計算し、手落ちなく行動した現われではあるが、部下や第三者の目には、自信を失って右往左往しているようにも見えるのである。

秀吉の反転を知ったとき、光秀はすべての計算を放棄しなければならなかった。安土も坂本も京都も放り出し、全軍をひっさげて山崎に突進すれば、つい一週間前まで彼の組下であった高山・中川・池田などの八千五百は、義理と圧力を感じて彼につかざるをえなかったであろうし、臆病《おくびょう》な信孝の八千は大坂を動かず、彼我の兵力比は、光秀二万五千五百、秀吉一万五百となり、二五対一〇の絶対優勢を発揮して、完勝したに違いない。

京都や安土を放棄することには、忍びがたいものがあろうが、しかし、秀吉に勝ちさえすれば、これらは自然に転がりこんでくるものであり、負ければ、いくらしがみついていても、もぎ取られてしまう。まず捨てねばならない。これに反し秀吉の軌跡は、満々たる自信のもとに、すべてを放棄し、一意《いちい》戦勝に向かって突進しているように見える。

光秀は、勝負時におけるこの人間心理の機微を察知することができなかった。光秀の戦略・戦術が秀吉の統帥に破れた原因はこれである。第14図には、両主将の心の動きと両軍の戦力の消長《しょうちょう》がはっきりと現われており、勝敗の帰趨《きすう》は戦わずして明らかで、秀吉の喝破《かっぱ》したごとく、勝敗の決は、まさに天王山以前の問題だったのである。光秀は戦略・戦術を人間に適用する方法を知らなかったのである（『状況判断』一一一ページ参照）。

13　統帥者の意思は完全に自由を発揮しなくてはならない。

将師は勝つために必死の努力をしている。この将帥の意思の自由を拘束《こうそく》することは「敗けよ！」というも同然である。しかし、戦いは国家戦略の一部を担当しているものであり、敗けては困るが、勝っても、国家戦略の方針から逸脱《いつだつ》しては、かえって害がある。

＊　戦争は他の手段をもってする政治の継続にすぎない。　（クラウゼウィッツ）

＊　政治は目的を決め、戦争はこれを達成する。　（クラウゼウィッツ）

＊　政治の干渉が戦争を妨害することはない。そう思われているのは、政治の干渉がいけないのではなく、政治そのものが悪いのである。　（クラウゼウィッツ）

＊　軍の進むべからざるを知らずして、これに進めという。これ軍をつなぐなり。　（孫子）

＊　戦いの道、必ず勝たば（必勝と判断したときは）主（君主）戦うなかれというも、必ず戦う。（孫子）

＊　君命《くんめい》受けざるところあり。（孫子）

敵に対し、統帥者の意思の自由を発揮するためには、ナポレオンや大モルトケのように、敵をあまり尊敬しないことが必要である。もちろん侮《あなど》ってはいけない。

被統帥者も統帥者の意思の自由を圧迫するもので、部将の意思に引きずられて失敗した統帥の例は少なくない。軍司令官のような高級司令官は、たとい兵理《へいり》上至当で、戦術上欠点のない立派な命令を与えても、それだけでは思うように動かせるものではない。

14　攻勢は衆人《しゅうじん》の意思を求心《きゅうしん》的に活動させ、守勢は離心《りしん》的に活動させる特性がある。

人間は死に直面すると、冷静なる客観性を失って主我《しゅが》的（自分本位に考えるよう）になり、その意思の自由をできるだけ発揮しようとして、本能のおもむくままに行動し、軍隊はその組織的戦力を失ってしまう。

困難な戦いにおいては、どの正面の指揮官もみな「自分の正面の状況が最も重大で、最も危険である」と信じ、全戦局の統帥に不利な影響を及ぼしたことが多い。指揮官が冷静な客観性を失い、主我的となるためである。

また、人間が主我的になると、意思の自由をできるだけ発揮しようとするが、これが不可能とわかると、その瞬間に神秘的な観念が湧き出て来、冷静時の理性では到底信じえないようなことまで信じ、不可解な行動をとるようになる。

このような心理状態に陥った大軍は、もはやたんなる命令によって管理することは不可能である。大軍を統帥するものは、攻勢と守勢が群集心理に及ぼす必然的効果を心得ていて、巧みにこれを活用しなければならない。山崎合戦における羽柴秀吉と明智光秀の場合は、その適例である（第14図）。

第一次世界大戦開戦時（一九一四年）オーストリア軍の作戦は持久であったが、参謀総長コンラードは、その手段として、攻勢に出た。「多数の民族から成り立っているオーストリア国民の衆心を、一途《いっと》の目的に集中するためには、防勢をとってはならない」と考えたからである。

15

人は各々意思の自由を有し、その立場を異《い》にするをもって、統帥者と被統帥者の意思が一致しないことも少なくない。この場合最も危険なのは、統帥の方針が一貫《いっかん》せず、不徹底に陥って錯誤《さくご》混乱を招くことである。

統帥者は断固として自己の意思を強要《きょうよう》し、その実行を厳重に監視するか、あるいは快《こころよ》く、許しうべき範囲内において被統帥者の意思を尊重し、大なる雅量《がりょう》をもってその遂行を援助するかの、いずれかに徹底しなくてはならない。

錯誤―あやまり。まちがい。認識と事実が一致しない　雅量―広く奥床《おくゆか》しい心

■賤ケ岳合戦の場合

織田信長の死後、その後継を争った羽柴秀吉と柴田勝家《かついえ》は、天正十一年（一五八三）三月、琵琶湖北岸、柳ケ瀬《やながせ》の隘路口で相対《あいたい》したが、勝敗は容易に決しなかった。秀吉は一部を残して勝家の進出を押え、主力を率いて大垣《おおがき》に転進し、岐阜城にあって勝家と策応《さくおう》していた神戸《かんべ》（織田）信孝（信長の三男）を攻めようとした。

四月十九日夜、柴田軍の猛将・佐久間玄蕃《げんば》盛政は、秀吉の留守を狙って出撃し、羽柴軍陣地の真只中《まっただなか》にある大岩山《おおいわやま》陣地を奪取して占拠した。大成功である（第15図）。

ところがここで問題が起こった。主将と部将間の意思の不一致である。

柴田勝家の作戦構想は「秀吉の陣営に衝撃を与えて、その岐阜城攻撃を牽制《けんせい》する

こと」を目的とし、雪どけ前で、戦力の集中が十分できていないこの時は、まだ決戦に出るべきではないとしていた。従って盛政がその目的を達成したならば、決戦に陥らないよう、すぐ引き上げさせるつもりであった。

しかし、意外な戦勝に酔《よ》った盛政は腰をすえてしまい、一向に引き上げようとしない。危険を感じた勝家は再三特使《とくし》を派遣したが、「秀吉何するものぞ！」と思い上がった盛政は受けつけない。

秀吉の実力を知る勝家は「一軍の死活問題！」と心配し、「自ら行って、甥の襟《えり》がみをつかんで引き摺《ず》ってくる」とまで息巻《いきま》いたが、盛政はかえって「叔父《おじ》の臆病者！」とうそぶく始末である。急使が幾度か往復したがすべて徒労に終わり、そんなことを繰り返している間に夜となってしまった。

急報を受けた秀吉は二十日午後四時、急遽《きゅうきょ》大垣を発して、一気に駆け戻った。羽柴軍陣地崩壊のピンチであり、柴田軍捕捉のチャンスだからである。

彼は一万五千の軍を率い、五十キロの夜道を五時間で急行して、その夜のうちに木之本《きのもと》に到達し、日の出前には早くも賤ヶ岳《しずがたけ》に殺到《さっとう》して佐久間部隊を叩き、これを勝家本軍陣地まで潰走させて、一挙に押し切り、勝を決してしまった。

柴田軍直接の敗因は、主将と部将間の意思不一致の場合の対処法が適切でなかったことで、とくに佐久間盛政の思い上がりがいけない。しかし、主将柴田勝家の統

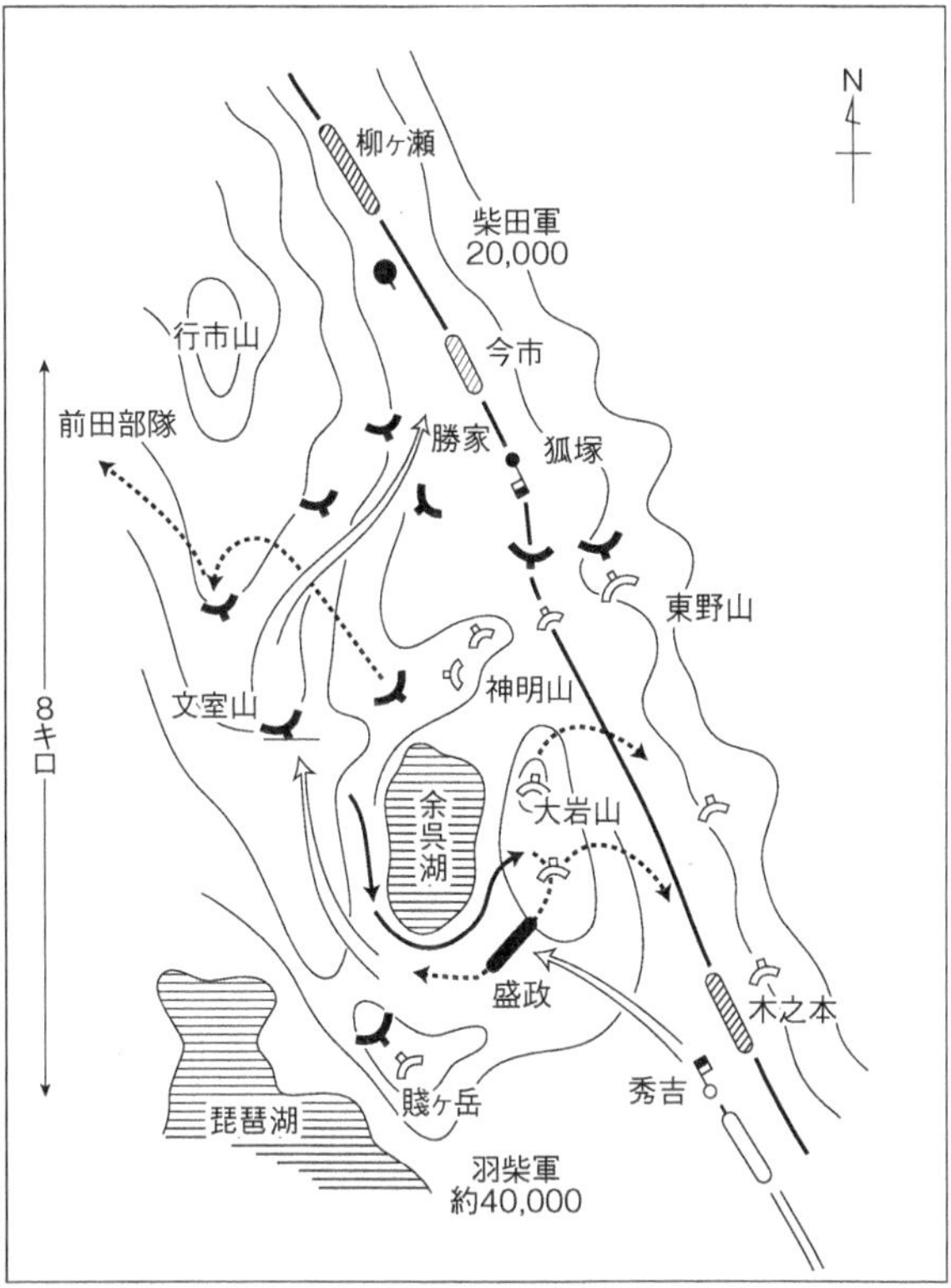
N
柳ヶ瀬
柴田軍
20,000
行市山
今市
前田部隊
勝家
狐塚
東野山
神明山
文室山
8キロ
大岩山
余呉湖
盛政
木之本
賤ヶ岳
秀吉
琵琶湖
羽柴軍
約40,000

第15図　賤ヶ岳合戦

帥はさらによくない。彼はあまりにも不決断である。

彼はその言の如く、自ら大岩山に出かけていって盛政をつれ戻すか、それでなければすっぱり頭を切りかえて甥の進言を入れ、主力を率いて大岩山に進撃すべきであった。勝家がそれをしなかったのは、時機尚早《しょうそう》として、秀吉との決戦を避けたためであるが、不徹底な作戦は、拙《つたな》い作戦よりもさらに悪い。

彼が攻勢に出て敗れたのなら、あれほど統率力を失うことはなく、滅亡するまでの非運を招くことはなかったであろう。

いずれにしても勝家は腰《こし》が重すぎる。戦勢は刻々浮動変転し、戦前の最善策がいつまでも最善策であるとは限らない。

主将はつねに情勢の推移を感得し、戦機を看破してこれに乗《じょう》ずることが必要であるが、穴倉のような今市にとどまっていては、そんなことができるはずはない。盛政が「大岩山奪取成功！」と報告してきたならば、すぐ自ら出かけていって前線の空気に触れ、自らの眼で実情を確かめ、最新の状況にもとづいて新たな決断を下すべきだったのであり、そうすれば盛政などにつべこべ言われることはない。

どうも勝家は盛政だけでなく、一般の信頼を失い、柴田軍将兵の心は離心作用《しょう》を起こしていたようである。それでなければ、賤ヶ岳の一撃だけで全軍が雲散霧《うんさんむ》消し、主将勝家が孤立するような事態が起きるわけがない。

佐久間盛政の行動も中途半端である。「秀吉何するものぞ！」と居すわったからには、秀吉と決戦する覚悟を持たねばならない。秀吉の本隊が長く伸び、バラバラになって駆け戻ったときは、木之本夜襲《やしゅう》のチャンスだったのである。

それなのに彼は逃げ出した。なんのために頑張《がんば》ったのかわけがわからない（『状況判断』一五九ページ参照）。

16　統帥者が、意思の自由を有する被統帥者の精神を準備することなく、卒然《そつぜん》として統帥命令を与えても、被統帥者は統帥者の意思を了解し、万難を排し、進んでこれを遂行せんとする熱意を持つことができないばかりでなく、その実行に際して行う独断《どくだん》は往々《おうおう》にして統帥者の意図外に逸脱する。

卒然――突然。だしぬけに　独断――臨機応変の自主的処置

■統率（統帥）とは

統率は統御《とうぎょ》と指揮よりなり、まず統御しておいてから、指揮しなければならない。

統御とは、集団内の各個人に、全能力を発揮して指揮されようとする気持ちを起

こさせる心理的工作であり、指揮とは、統御によって沸き立たせ、掌握《しょうあく》した各個人のエネルギーを総合して、集団全体の目標に適時集中指向し、促進して、効果的に活用する技術的工作である。

■統御の法則

統御は心理的なもので、掴《つか》まえどころがなく、それに成功するための最善の理論を立てることはむずかしいが、次の法則を充足させれば、誰でも一応その目的を達成することができる。

第一法則　利益（賞、喜び）を与える。

第二法則　恐怖（罰《ばつ》、不利益）を与える。

第三法則　利益と恐怖を策応させる。

第四法則　ヘッド（頭、理性）の次にハート（心臓、感情）を狙う。

■指揮の手順

指揮のしかたにはいろいろあるが、次の手順によって行えば、忙しいときでも、手落ちなく、スムーズに実行できて便利である。

第一手順　企画

第二手順　状況判断
第三手順　決心
第四手順　命令
第五手順　監督

人間は本来、統率されることを好まない。しかし、素晴《すば》らしく統率されると、奮起し、納得し、陶酔《とうすい》する。

17 策をもって準備せられた被統帥者の精神の効果は一時的で、しかも後日必ず反動がある。

精神の準備とは、思想の一致・意思疎通《そつう》・相互の信頼・状況認識の一致などの事前調整すなわち統御であり、その他部下の能力と自信をつけさせておくこと、全般の作戦内において部下がいかなる地位にあり、どんな価値のある仕事をしているか、を了解させることも重要である。

この心理的工作は、真実を掲《かか》げて相手の理性を納得させ、誠意をもってその感情をゆさぶり、いわゆる人生意気に感じさせることが必要で、これは一見迂遠《うえん》で、戦機を逸するように思われるが、それは違う。その場になってこれを行おうとするからいけないのであり、この種の工作は平素から努力し、日々その実績を積み上げておけば、以心伝心の人間関係を醸成《じょうせい》することができ、野球の監督のように、いざという場合には、合図一つでチーム全員を思うように動かせるから、決して好機を逸することはない。「命令は行動開始の合図にすぎない」のである。

部下を偽《いつわ》って、その精神を準備することはいけない。虚偽《きょぎ》は必ずばれる。どんなに巧みな策でも、それが虚偽、不誠意にもとづくものであれば、時間の長短の差こそあれ、いつかは必ずばれる。だまされて死地に投ぜられた者の上司に対する信頼感は一挙に崩壊し、もはや永遠に統御できないことになる。

18

作戦は、国家の戦争行為の最も重要部位を占めるもので、戦争の運命の大半は作戦の成否によって決する。

大軍の作戦を考案するにあたっては、国家の戦争目的を体し、必要に応じ、政略上の要求を考慮することが肝要であるが、戦争遂行上における作戦の地位の重要性を思い、みだりに政略上の利便に随従《ずいじゅう》することなく、必要があれば、断固として自主独立の作戦を敢行して、戦勝を獲得し、もって大局における政略目的の達成に貢献する気概《きがい》が必要である。

国家の戦争行為―国家戦略　気概―意気地の強く、はげしいこと

政治は軍事に優先する。したがって戦略は政略に従属すべきもので、独走することは許されないが、この調整は主として最高統帥部において行われるものであり、一般将帥はただ戦略に専念すればよい。

そして、作戦は政治目的達成の手段であり、作戦に失敗すれば、政治目的を達成できない。従って作戦実行の場面においては、戦略上の要求を主とすべきである。大軍を統帥する将帥はただ戦略だけ考えておればよい、というわけにはいかない。

■政略上の識見を欠いて失敗したアイゼンハワー

第二次世界大戦末期の一九四四年六月、フランスのノルマンディー地方に、史上最大の上陸作戦を敢行した米英軍は八月、パリを回復し、ドイツ国境に迫った。

こんなときに「作戦目標を敵の野戦軍にとるか、政治経済の中心である敵国首都にとるか？」はいつも問題になることであるが、アイゼンハワーは「廃墟《はいきょ》となったベルリンは利用価値なし」と判断し、クラウゼウィッツの「まず敵の野戦軍を撃破した後、その首都を占領せよ」の主張どおり、南方山地に退避《たいひ》していたドイツ野戦

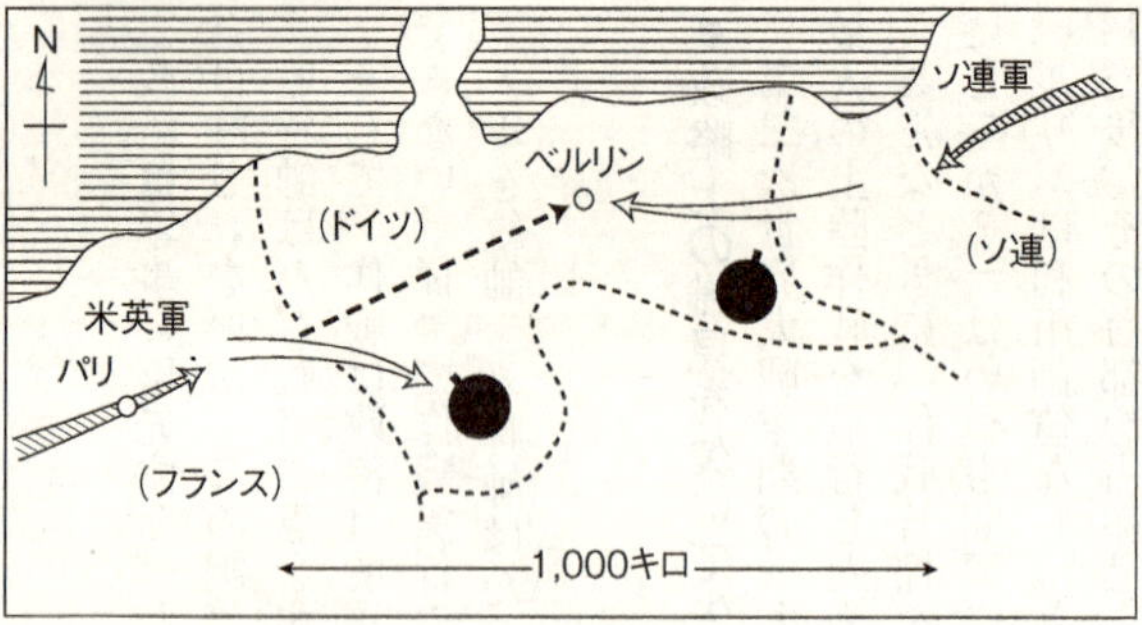

第16図　一般方向を誤ったアイゼンハワー

軍に向かって殺到した。

ソ連軍の方は「腐《くさ》っても鯛《たい》」とばかりに、戦後のための政略を重視し、一九四五年五月二日、ドイツ軍に先立ってベルリンを占領してしまった。アイゼンハワーの政治的識見の不足はついに「二つのベルリン」を生んでしまったのである。

19

作戦目標は、いやしくも敵が整備せる武力を有する以上、まずこれに指向するを通常とする。

敵の整備せる武力を撃破したる後は、速やかに敵に講和を強要するため、その政治経済上の要域の攻略に努め、少なくも講和談判を有利にする担保を領有しおくを要す。

状況により、まず戦略・政略上の要地を作戦目標とすることあり。

目的と目標を混同してはならない。目標とは、目的に到達するためのさしあたりの目当てである。「将を射るにはまず馬を射よ」といわれている。この場合、将は目的であり、馬は目標である。「蜂《はち》の巣を取ろう」と狙っているいたずら坊主《ぼうず》にとっては、蜂の巣は目的であり、それに群《むら》がっている蜂は目標である。目的を達成するには、まず目標である蜂の反撃を防止する手段を講じなければならない。その準備工作をしないで、いきなり蜂の巣をつかめば、蜂群の集中攻撃を受けて、散々な目にあう。

「目的はパリ、目標はフランス軍！　まずフランス軍を撃破した後、パリを占領せよ」「敵の野戦軍を粉砕《ふんさい》した後の敵国首都占領は、敵国を屈服させるが、敵野戦軍が健全であるかぎり、敵の領土や首都を占領しても、終戦をもたらさない。まず敵の野戦軍を撃滅《げきめつ》した後、その首都を占領せよ」などはクラウゼウィッツの名言である。彼は、ナポレオンのモスクワ進攻作戦失敗の教訓をふまえて、対仏作戦計画を策案中にこのことをさとり、その名著『戦争論』にこれを書き残したのである。目的と、その手段たる目標の関係を明快に言ってのけたものであるが、こんな簡単なことでもなかなか行われないのが、戦史の実相である。

商品販売の場合では、目的は顧客であり、目標は販売店である。顧客が欲しがるものでも、販売店が扱ってくれないものは売れない。現在これが問題になっているのは書籍の流通業界である。著者は良い本を書きたいし、読者は良い本を欲する。しかし書店は売れ足のおそい、大量に流れない書籍を店頭に並べることを好まない。したがって、良い本でも陽の目を見ないものが多いのである。

一時わが国の時計界を風靡《ふうび》したワンダラー・ウォッチ（安いが、永持ちせず、修理のきかない、使い捨て時計）がいつの間にか姿を消してしまった原因の一つに、小売店がこれを扱うのを好まなかったことがある。一割のマージンがあるとして、三千円のワンダラー・ウォッチの利益は三百円で、三万円の時計なら三千円である。売場面積をとるのも、販売の手間も同じであるにもかかわらず、収入が十分の一となり、しかも三万円の時計一個の代わりに三千円の時計十個を買う顧客はないし、また顧客が十倍にふえることも期待できない。

ワンダラー・ウォッチは目標をつかむことに失敗したのである。なお、この法則に例外のあることはアイゼンハワーの失敗が示すとおりである。将来の原爆《げんばく》戦はいきなり目的を狙うであろうが、目的そのものを壊滅《かいめつ》させてしまう。

20 作戦の指導と相まち、敵軍もしくは作戦地の住民に対し、一貫した方針にもとづいて、巧妙適切なる宣伝・謀略《ぼうりゃく》を行い、敵軍戦力の崩壊を企図《きと》することが必要である。

戦略は、各種工作を併用《へいよう》し、総合することによって相乗効果を起こし、爆発的威力を発揮する。そして、各工作は違った性質のものがよい。

孫子は「戦いは、正をもって合《ごう》し、奇《き》をもって勝つ」といっているが、正奇併用の総合戦略は最も有効である。この代表的な事例は、日露戦争における大山満洲軍の正攻法と策応して、奇の偉功《いこう》を奏《そう》した明石元二郎《もとじろう》のロシア革命謀略である（『戦略と謀略』参照）。これは国の最高統帥部の企画によって行われたものであるが、野戦の各軍においても、それぞれの地位に相応するこの種の配慮が必要である。

■謀略

小さな力で大きな仕事をするには、謀略を使う必要がある。謀略とは、実力をなるべく使わないで、相手を自分の思うようにすることで、謀略工作の本来は、相手に自主的に計算させ、わが主張に同調する方が有利だと、状況判断をさせることである。相手をだますこともないではないが、トリック工作では大きなことはできないし、じきに見破られて、逆効果をもたらす。

21

兵力の運用を計画するにあたっては、有限の兵力をもって最大の効果をおさめ得るように、精神・物質両面において、経済的使用に努めるとともに、敵に不経済なる兵力使用を強要しなければならない。

わが兵力を経済的に使用するためには、一貫した方針を確立し、大なる機動力を発揮して、要時要点に徹底的に兵力を集結使用し、その努力を統一して、一途《いっと》の目的に向かい集中発揮するとともに、攻防の利点を時と所との機に応じて活用することが肝要である。敵に不経済なる兵力使用を強要するには、敵を致《いた》してその意表に出《い》で、攻勢をとることが必要である。

失敗したる会戦の跡を探究するに、多くの場合、重大なる時期に遊兵がある。

＊戦場における高等統帥の最も大切な仕事は、離れている兵団を適時戦場に招致《しょうち》し、これらを協同連繫《れんけい》させることである。（モルトケ）

防勢《ぼうせい》の危険は遊兵を生じやすいことにある。攻勢は兵力を消耗《しょうもう》する不利があるが、諸隊の努力を集中し、遊兵を少なくする点に大きな利益がある。工場の設備不足を訴えることが多いが、機械というものは驚くほど遊んでいるものである。作業計画をするにあたっては、最も重要な役割をしている機械が、作業時間いっぱいに連続稼動《かどう》をすることを第一にしなくてはならない。

22

敵を致して大勝を博《はく》するためには、主動の地位に立ち、合法的に画策すべきはもちろんであるが、ときとしては奇法《きほう》に出て変則を応用し、かつある程度の冒険を敢行することが必要である。いかなる程度に冒険を賭《と》し、いかなる程度に本格的原則を守るべきかは、敵の特性・わが実力・統帥の自信力等によって定まるものであり、運用の妙味《みようみ》の存するところである。

＊　兵は詭道《きどう》なり。（孫子）

＊　戦略の語源はギリシャ語の詭計《きけい》である。しかし詭計が戦略ではない。責任ある将帥は詭計を好まない。（クラウゼウィッツ）

＊　策士策に敗れる。

＊　戦争の最後を決するものは正々堂々たる決戦である。（チャーチル）

＊　戦いは、正をもって合し、奇をもって勝つ。（孫子）

■楠木正成の奇策

千早《ちはや》城防御作戦中の元弘三年（一三三三）正月、大坂付近に進攻した六千の六波《ろくは》羅《ら》勢（北条軍）を迎撃した楠木正成《くすのきまさしげ》（一二九四〜一三三六年）は、淀《よど》川の渡辺橋付近においてわざと敵を渡河《とか》させ、二千の兵をもって三方より反撃に出、淀川に追いつめて撃滅した。敗報が六波羅探題（鎌倉幕府の京都代表機関）に達すると、宇都宮公《うつのみやきん》綱《つな》は奮起し、手兵五百をもって駆けつけた。

正成はその鋭気《えいき》を察し、すばやくこれを避けて退いたので、若い公綱は意気揚々《ようよう》として淀川を渡り、天王寺に陣した。

ところが毎夜、周囲に怪しげなかがり火が現れるので、物見《ものみ》を出して確めたが近づけばフッ……と火は消えてしまい、その正体は何者かわからない。こんなことが連夜続いたので、ついに公綱軍の将兵は無気味になり、撤退してしまった。

これは正成の奇築であった。彼は戦わずして敵を走らせ、その間、主力を率いてさっさと千早城に引きあげていたのである。

■奇に毒された中国人

奇法の極は「戦わずして勝つ」であり、これこそ兵法孫子の奥儀で、これほど効

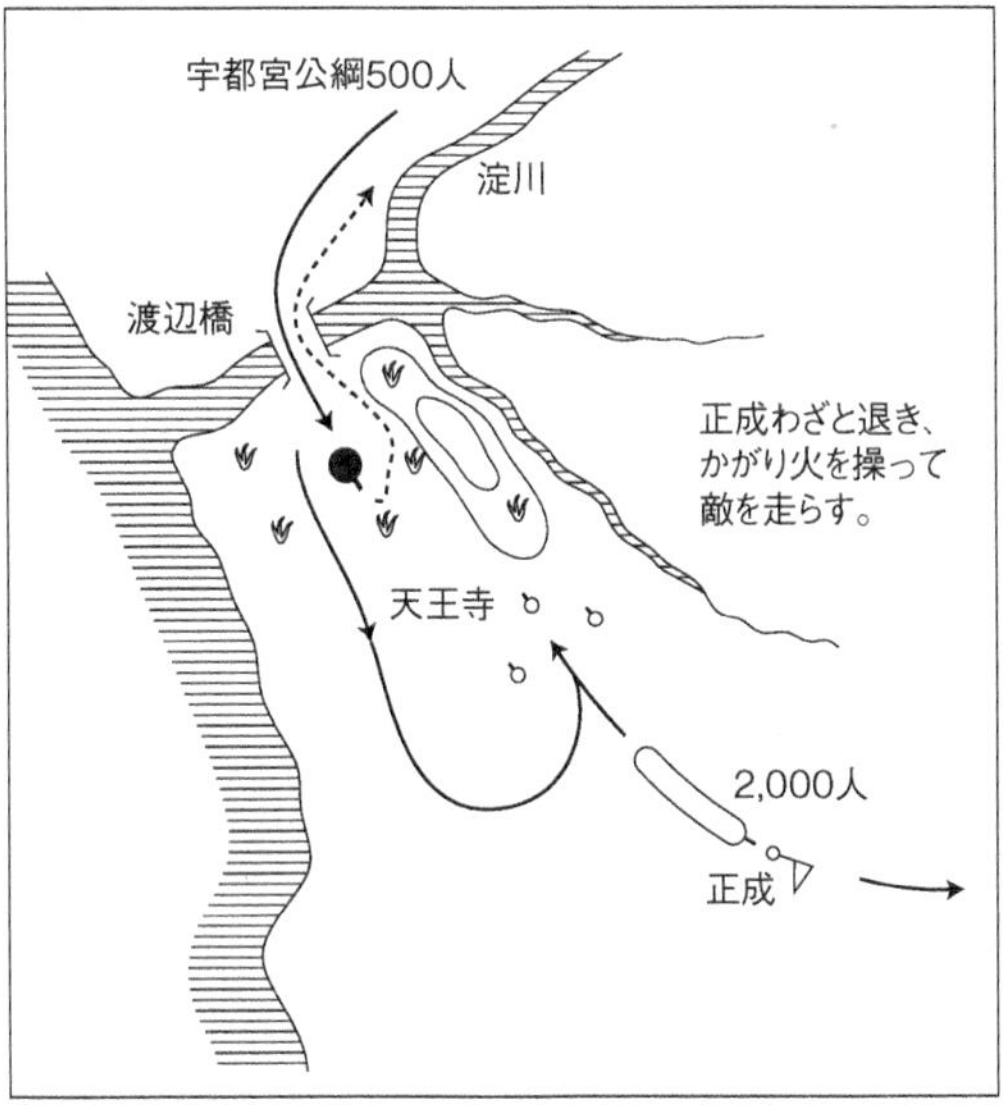

第17図　千早城外天王寺の戦（1333年１月）

果的な仕事の進め方はない。この兵法を二千五百年も前に持ちながら、中国はよく外国に敗け、今世紀の初期には、全国を諸外国に分け取りせられる危機に陥り、国内でも終始治乱興亡《ちらん》を続けてきたのはなぜであろう。……奇法すなわち「戦わずして勝つ」は後世の中国人に歪曲《わいきょく》して伝えられたようである。

彼らは「戦わずして勝つ」を信奉《しんぽう》するあまり「働かないで成功する」ことを最上とするようになり、策に没頭《ぼっとう》して、真面目な労働を愚《ぐ》と考えるにいたったようである。

わが国の明治から昭和にかけての中国では、軍閥《ぐんばつ》による内戦が激しかったが、実際にはほとんど兵を動かさず、全国通電と称し、各地に電報を発することによって、自分の立場と意思を表明し、優劣を争う手法、すなわちマスコミを利用して戦争することが流行した。

この戦いでは働くことを必要とせず、とくに絶対に人命を損ずることがないのだから、すこぶる賢い方法と思われていたが、こんなことをしている間に、中国人は真面目な努力をすることを忘れ、列国の植民地化せられそうになってしまったのである。

かつて立川《たつかわ》文庫というものがあった。ここでは真田十勇士という、猿飛《さるとび》佐助・霧隠《きりがくれ》才蔵などの忍者が活躍し、しばしば怨《おん》敵、徳川家康の寝所にまで忍び込むほどの大活躍をしていた。しかし少年時代の私たちに、どうしても合点のいかなかったことがあった。それは「あれほどの暗躍《あんやく》ができるのなら、なぜ家康を刺すことができなかったのか?」ということであった。

23 戦いの法則は自らこれを案出し、または戦争間自ら新たにこれを発見したものの価値が絶大である。

戦法は、第一会戦において変化の必要を示唆《しさ》し、爾後《じご》、会戦を重ねるに従って大きく変化する。

楠木正成が北条の大軍を一手に引き受けてビクともしなかったのは、一般に「ややあ！　われこそは……」の名乗りで始まる一騎討《いっきう》ち戦法が用いられていた時代に、他に先んじて集団による戦闘法を用いたからである。彼は文永の役（一二七四年）における元《げん》軍の戦法から示唆を受けたという。

織田信長が、アマに等しい大衆兵をもって、プロ中のプロたる精鋭武田の騎馬軍団を、長篠《ながしの》において壊滅させることができたのは、拒馬柵《きょばさく》を併用する鉄砲の集団使用による新戦法を案出したためである。彼はこの新戦法に自信を得、その実行準備ができあがるまでは、いかに徳川家康が哀訴強請《あいそごうせい》しても出動しなかった。

ナポレオン（一七六九～一八二一年）がまたたく間に全ヨーロッパを席捲《せっけん》できたのは、他に先立って国民戦争を展開して、君主の私兵によって戦っていた周辺諸国を圧倒し、ライン・スタッフ制による命令戦法を開発して、外国の将帥を翻弄したからであり、ついに敗れたのは、諸外国もこれを採用し、それに勝るディビジョン（戦略兵団）制による訓令《くんれい》戦法を開発したからである。

第一次世界大戦のマルヌ会戦（一九一四年九月）において、攻勢を食いとめられ

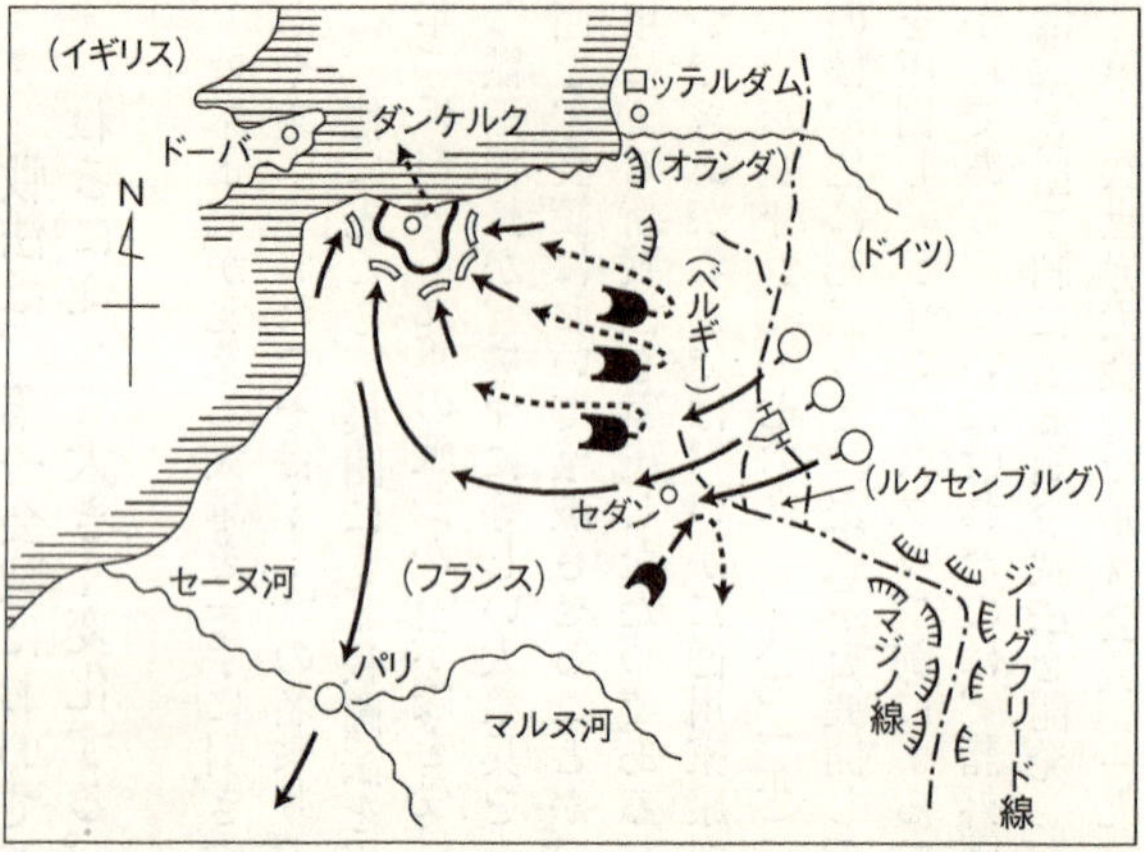

第18図　第二次世界大戦における独仏国境線(1940年5月)

て失敗したドイツ軍は、第二次世界大戦の一九四〇年五月には、同じ所で、同じように戦って、こんどは大勝した。

ドイツ軍は前回同様にベルギーを通過し、電撃《でんげき》的に突進して英仏軍の戦線を分断し、その主力をパリから引き離してダンケルクに追いつめ、イギリス軍を裸《はだか》にして海上に放り出し、返す刀でフランスを征服してしまった。ドイツ軍が開発した電撃戦のおかげである（第18図）。

電撃戦とは、歩兵にかわって戦車を軍の主兵とし、多数の戦車をもって編成した機甲《きこう》兵団を主体とし、急降下爆撃機隊の支援と落下傘《らっかさん》部隊の協力のもとに、電撃的に戦いを進めるもので、第一次世界大戦の末期に現われて、鋭鋒《えいほう》の片鱗《へんりん》を見せたイギリス軍のタンク（戦車）の威力から示唆を得たものである。

電撃戦の威力はすさまじい。その矢面に立たされたポーランドは二十六日、ノルウェーは二十八日、デンマークは一日、オランダは五日、ベルギーは十八日、フランスは三十五日で席捲されてしまった。

大東亜戦争の劈頭《へきとう》、日本海軍航空隊はハワイ海戦とマレイ沖海戦で大戦果をあげ、海戦は戦艦主体より航空母艦主体に転換すべきことを実証した。これを痛切に感じ、また主力艦を失ったことからやむを得ず、アメリカ軍は空母主体の機動部隊戦法に一転したが、日本軍は不沈《ふちん》巨艦の大和・武蔵を擁していたことが逆に災いとなり、ついに旧戦法から脱しきれず、ミッドウェイ以後の苦杯《くはい》をなめるにいたった。

われわれは現在、新経営開発の必要に迫られている。

戦後、アメリカ式経営法の導入により大きく進歩したわが国企業も、それが諸民族の移民を基盤として成り立っていたものであること。またわれわれはマルクス主義の影響を大きく受けたが、この主義が元来、知的労働や管理能力の価値を認めないものであったことなどにより、幹部とくにトップの統率能力不足という壁《かべ》につきあたってしまったのである。

本書の刊行を要望されるのもそのためであるが、企業は軍隊ではないのであるから、この本などから示唆を得て、現代の経営環境に適応する日本独得の新経営法を開発したいものである。

24

統帥とくに作戦考案の実行は、整斉《せいせい》なる秩序と節調を保ち、つねにその軌道《きどう》を逸脱せず、円滑《えんかつ》に目的まで到達するように実施しなければならない。

節調――節度と調子

要するに、オーケストラの演奏のように進展させればよいのである。

オーケストラ演奏の場合の楽譜《がくふ》に相当するのが作戦計画であるが、これは楽譜のように細部まで確定したものではない。敵には意思の自由があり、立案のための前提条件には不明なものが多く、事態は予期しない展開を示すのが普通だからである。

作戦計画は通常、まず作戦の終始《しゅうし》を通じて準拠すべき大綱たる作戦方針を確立し、ついでこの方針を遂行するための兵団運用の構想（作戦指導要領）を決定し、さらにこれを実行するに必要な諸件《しょけん》（情報収集、集中、宿営、給養《きゅうよう》、交通、兵站《へいたん》、宣伝、謀略など）に及ぶ。

集中――集中地における兵団部署、

兵站――主として補給の施設と部隊

作戦計画をどの程度に下級司令部に示すかは、慎重に考えねばならない。統帥者の意図を徹底させるには多く示す方がよいが、作戦計画は情勢の変化に応ずる修正を必要とするものであるから、あまり多く示しておくと、しばしば修正しなくてはならなくなり、信用を失うおそれがある。

従って統帥者の意思の徹底が比較的容易であり、自身もあまり将来のことまで計画しておく必要のない小兵団に対しては、差当たって必要なものだけを逐次《ちくじ》示すようにする。

25

諸策案・諸計画策定の眼目は、その目的を確立することである。また、これを実行するときの指揮官の決心は、つねにこの目的を基礎としなければならない。

指揮とは、計画を立て、これを実現するように部下を指導することで、計画は指揮のためのレールである。

■考案

最初から計画に着手すると、それまでの考えに縛《しば》られ、限定もしくは偏向《へんこう》し、それでなくても新味のないものになってしまう。

計画を立てるには、まず現実から離れて、広く一般情勢を大観し、自由奔放なアイデアを並べていろいろと考案を練り、広くあの手この手を使って、その総合効果をあげるようにする。この際とくに大切なことは、自分の気に入らない意見、自分に反対する人の悪口をよく聴くことである。採用できない場合でも、自分の案をもりたてるための栄養には必ずなる。

先例は貴重な経験であるから、その結果を尊重し、その教訓は貪欲《どんよく》に採《と》り入れなければならないが、先例にただ依存したり、とらわれてはならない。先例に従っておれば楽で、失敗したときの弁解が容易である。しかし勝負の世界で、同じ手を二度使えば敗れる。成長企業の名経営者は企画に当たり、まず先例があるかないかを問い、先例のあるものは敬遠するという。

われわれは、まず独自の考案をめぐらしたうえで、参考のために先例を学ぶべきである。そして、先例を学ぶには、その時と現在とは前提条件にどんな違いがあるかを確かめ、それに応ずるように結論を修正し、違いがない場合でも、もっとよい結論があるのではないか？　と考え直してみなくてはならない。

■計画

計画は次の順序で策定する。順序を誤ると大きな方向を誤る。

一、目的と目標を確立する。

二、これを達成するための方針を定める。

三、方針を実行するための指導要領を決定する。

四、各機関の行動、相互の連繫のよりどころを示し、努力の重複と隙間《すきま》のないようにする。

計画は、一見して内容が呑《の》みこめるように、ズバリと書き現わさねばならない。最後までていねいに読み終わって、ようやく納得できるようなのは実用にならないし、細かい字がぎっしり詰《つ》まっていたり、数字がいっぱい並んだ表などは、誰も読んではくれないものと思わねばならない。どうしてもそうなってしまうものは、冒《ぼう》頭《とう》に趣旨・結論・要点などを、簡単な文句、できれば図やグラフにして書き出しておくことを忘れてはならない。よい計画を作ることはむずかしいに違いないが、なおいっそうむずかしいのは、読んでもらえる計画を作ることである。テレビに出る解説者が映し出すものを学ぶとよい。

目的と目標とを混同してはならない。目標とは、目的達成のための当面の到達目標である。われわれの目的は高給を得ることであり、目標は会社の利益を増やすことである。会社の利益一億円を目的とすれば、本日の目標はたとえば三千五百個の生産である。

計画を立てる場合にいちばん大切なのは、目的と目標を確立することで、これさえ決まれば、計画はできあがったも同然である。また計画を実行している途中で、現況に適応するように計画を修正するときには、必ず最初に定めた目的と目標を思い浮かべ、これを見失わないように注意しなければならない。

ドライバーは山を見よ！　といわれている。遠くの方にある山を目標にして、一般方向を誤らないようにすれば、途中で少々道をまちがえても大きな失敗はしないが、山を見ないで、目前のカーブや曲り角などにこだわっていると、いつの間にか反対方向に走っているようなことになる。「忙時《ぼうじ》、山、我を見、閑時《かんじ》、我、山を見る」ということがある。忙しいときでも閑《ひま》なときでも、山は見えているのであるが、目前の小事《しょうじ》にとらわれていると、山すなわち目的を見失ってしまい、冷然《れいぜん》と我を見下ろしている山に笑われることになる。

方針にもとづく指導要領を策定する場合には主眼（ねらい）、方式、時機、目標、重点の五条件を考えることが必要である。

■方針計画

この頃のように情勢の変化の激しいときには、計画などしても意味がない、まして長期計画などナンセンスだという人もあるが、これは間違いである。何事にも操作と行動の間にはずれがあり、船は舵《かじ》をとってもすぐには方向を変えないし、飛行機のようにスピードの速いものを操縦するには、近くを見ていては間にあわない。来年増産するには、今年工作機械を発注しなければならないのである。経営では必ず相当将来を予想して計画しなければならない。しかし予想は狂《くる》うことが多い。ここに「計画してもむだだ」という意見が出る原因があるのだが、これを調整するには、方針計画の方式をとればよいのである。

すなわち将来にわたる方針を確立し、これにもとづいて、来月のことは詳細に決め、来年のことは大まかな実施要領まで計画し、それより先のことは方針だけにとどめるようにすれば、時機を失することもないし、むだになることもない。

ただし十年先に係長級の人材を必要とするなら、今年その候補たる新人を採用しなければ間にあわない。長期計画とは、将来のために、今すぐしなければならないことを決めるものなのである。

■代数的計画

全部の条件（データ）が確定しなくては計画できないというのでは困る。学者や技術者出身の幹部が陥りやすい欠点はこれである。

クラウゼヴィッツは「戦争とは、バクチの要素を多分に含んだ打算である」といっているが、経営もこれと同様で、予め十分に計算しなければならないが、ある意味では、時間との勝負でもあるから、あるところで見切り発車をする決断がないと、商機《しょうき》を逸する。「すぐ変更されるのだから計画してもむだである」という主張も誤りである。立案の基礎さえはっきりしていれば、修正が容易だからである。

われわれは代数的（方程式）計画を活用しなければならない。算術のように、最初からきちんとした答えを出そうとせず、代数でするように、未知数を含んだ方程式を作っておき、その後の情報努力により、逐次未知数を既知《きち》数に置き変え、答えの範囲を狭《せば》めていくのである（『名将の演出』第13図参照）。

■代替案

計画が限定観念にとらわれないため、また、条件の変化に応ずる変更修正を容易にするためには、第一案にかわるべき案を多く用意しておかねばならない。

日本の企業を視察した外国の経営学者が驚くことは、終身雇用制と経営計画の甘いことで、彼らが共通して忠告するのは次の点である。

一、計画前にもっと情報を集めよ。

二、問題の解決策をたくさん準備していて、ことにあたっては、手持ちの中から

26

最善策を選べるようにせよ。

正面作戦は通常大なる成果を獲得するに適《てき》しない。故に外線または内線作戦を構成するに当たっては、その特性を発揮して、正面作戦に陥らないように考案しなくてはならない。

外線作戦を計画するに当たっては、つねに先制主動権を拡張し、強者の法則を敵に強要して、速やかに決戦を促《うなが》すようにし、内線作戦の計画においては、機動の自由を確保し、自ら戦機を作成して、適切にこれを捕捉利用するように着意しなくてはならない。

外線・内線―外線作戦とは、最初から、敵に対して包囲または挟撃《きょうげき》的関係位置にあって作戦するをいい、内線作戦とは、この反対である。戦略用語であり、本来の意味は、線とは後方連絡線（主として補給）で、それが放射状に拡がるのが外線、内方に集中するのが内線　先制―先手をとる。敵に先んじてわが方策を遂行すること　主動―能動。しかける。自主積極的にわが意思を敵に強要すること。先制と主動は戦勝のための絶対要件で、密接な関係があり、両者互《たがい》に影響しあって、ますますその成果を大きくする　強者の法則（戦法）―敵よりも優勢な戦力を用い、正攻法により、多くは外線作戦により、敵を圧倒する戦法　戦機―指揮官の意思とこれによる軍隊の動静に関する、勝を制すべき機会をいい、正面作戦の不利であることがわかっていながら、これが行なわれることが多いのは、彼我ともに、その弱点たる側面や背面を攻撃されないように、兵団の態勢や機動について非常な努力をするために、不本意ながら正面作戦になってしまうもので、これに打ち勝つためには、指揮官の戦機看破能力と機敏適切なる幕僚業務と極限状態に堪えぬく兵団の機動力とを必要とする。

非常な努力をもって外線に立つことに成功した戦例

一、一の谷の合戦および屋島《やしま》の合戦における源義経《よしつね》――『続・名将の演出』（第37・38・41・42図）参照。

二、奉天《ほうてん》会戦における乃木第三軍――『戦略と謀略』（第13図）参照。

三、タンネンベルヒ会戦におけるフランソワ第一軍団およびマッケンゼン第十七軍団――『名将の演出』（第45～54図）参照。

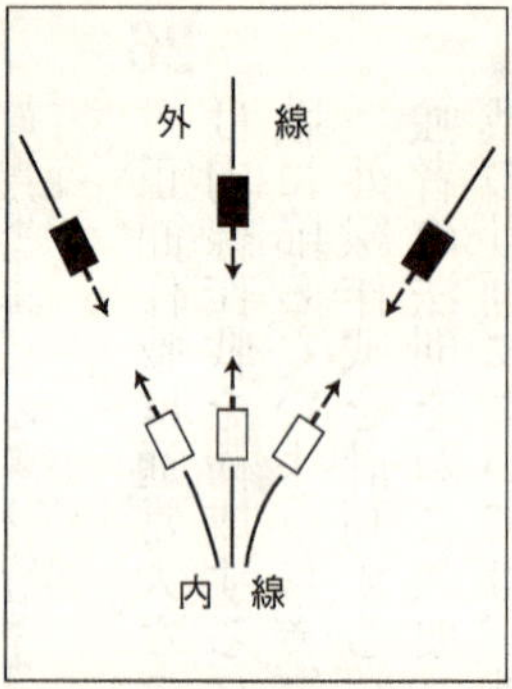

第19図　外線と内線

■外線作戦と内線作戦

外線作戦は強者の戦略であり、そのままの態勢で押し進めていけばよい、自主的計画作戦である。過失を犯さないように注意して、実力を間違いなく発揮すれば勝て、その作戦線も変化が少なく、計画指導も単純である。すなわち、速やかに決戦を求めうるように、敵に近く集中地を選定し、最初から戦略的確定配備をとり、自主的に攻撃目標・会戦地・会戦時期・主決戦正面などを決定する。

内線作戦軍は、ある程度敵の出方を見て、自らの行動を決めねばならないことが多く、機会戦法すなわち術策は、内線軍にとってとくに必要である。術策を必要とせず、たんなる実力をもって勝てる軍は内線に立たないのが普通であり、古来、勝算確実なる場合に行われた内線作戦はないという。

＊　内線作戦の成否を決するものは敵の行動である。

（フライタッハ・ローリングホーフェン。ドイツの兵学者）

内線作戦は最初から弱味をもっているものであるから、名将が指揮し、兵力の経済的使用に成功した場合においてのみ、勝利を期待できる。兵力の経済的使用のためには、機動の自由を確保し、巧みに戦機を作り、これを適切に利用することが大切である。

内線作戦においては作戦線の変化が急激・頻繁《ひんぱん》であり、作戦のテンポも速いため、作戦線の指向方向とその転換の時機の看破、兵団機動の指導法の適否は内線作戦の運命を決する。また、会戦指導においては、主決戦方面と持久方面とのバランスを適切に保持することが大切である。

■外線作戦に成功した戦例

一、日露戦争におけるわが陸戦――本書第26図（一三〇ページ）および『戦略と謀略』（第8・9・13図）参照。日本軍は約二十五万の劣勢《れっせい》をもって約三十二万のロシア軍を攻撃している。

二、ドレスデンの会戦における連合軍――『名将の演出』（第21〜25図）参照。

三、普墺《ふおう》戦争におけるプロイセン軍――『名将の演出』（第26図）参照。

四、第一次・第二次世界大戦における連合軍――『名将の演出』（第30図）を参照。

■内線作戦で成功した戦例

一、小牧・長久手合戦の徳川家康――『名将の演出』（第16・17図）参照。

二、ガルダ湖畔《こはん》におけるナポレオンの各個撃破《かっこ》作戦――本書第28図（一三四ページ）および付録第二参照。

三、タンネンベルヒ会戦におけるドイツ第八軍――『名将の演出』（第39〜53図）参照。

■外線作戦の代表的利害

利↓敵を各方面から攻撃し、包囲することができる。
害↓兵力分離に陥り、各個撃破を受ける恐れがある。

これはそのまま内線作戦の害利である。すなわちそれぞれ利点とともに致命《ちめい》的な不利をもっていて「運用の妙は一つに人にあり」ということになり、名将はどの方法をとっても勝ち、凡将は外線で敗け、内線でも敗けることになるのである――本書第25図（一二九ページ）・第28図（一三四ページ）参照。

■内線作戦を駆使して大勝したナポレオン

ナポレオン以前の将帥は、包囲されそうになれば退却した。彼らは内線作戦は絶望的な不利として、本書第20図（九八ページ）のように、外線に立った敵から集中攻撃を受ける態勢に陥った場合には「敗けた」と認めて退却し、こんなときに頑張るのは、将帥のマナーに反するものとされていた。

ところがナポレオンはこれを無視して逃げなかった。それどころか、従来、最大

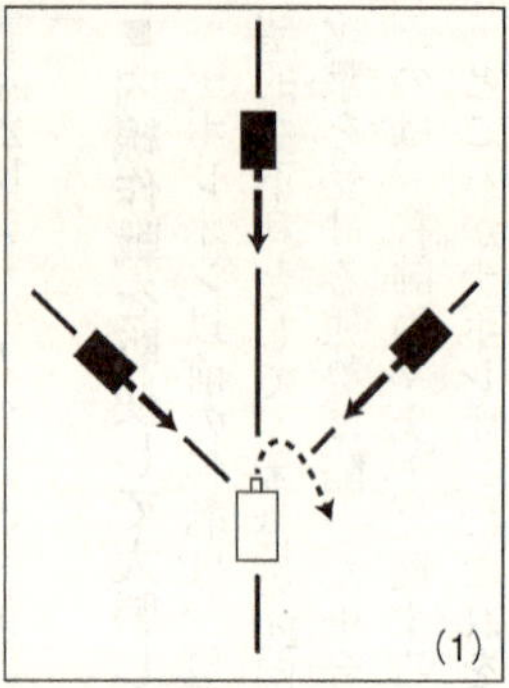

第20図　集中攻撃を受ければ退却する

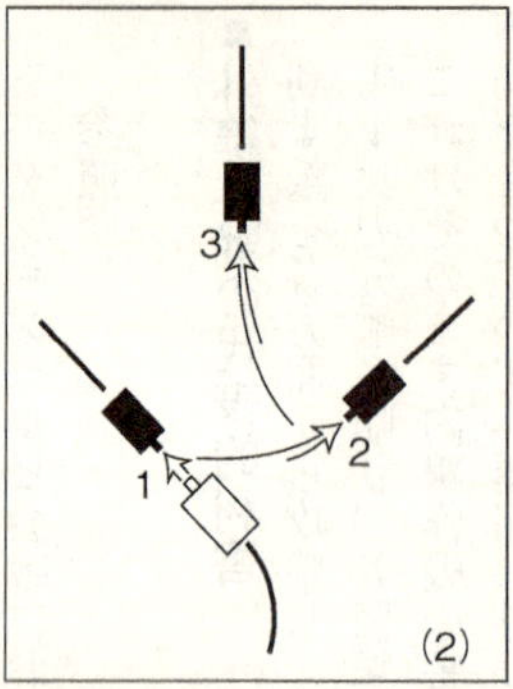

第21図　ナポレオンの内戦作戦

のピンチとされていたこの態勢をチャンスと見直し、断固として噛《か》みついていった。内戦作戦による各個撃破戦法で、外線に立った敵の進路の集合点付近に全軍を集結して待ち構えており、その分離に乗じて一つずつ叩いていったのである。

たとえば、ナポレオンは次の要領で（第21図）三倍の敵をさえ破ったことがある。

一、我より少ない敵に攻めかかる。これは当然勝てる。

二、次は同等の敵をうつ。味方は疲《つか》れているが、戦勝で気をよくしているから勝てる。

三、最後に、優勢な敵に向かって突進する。敵はわが連勝に恐れをなして、数の威力を失っており、潰走する。

理屈では考えられないことであるが、戦場における人間は臆病であるから、現実にはこんな不思議が起きるのである。

27　大軍統帥の要道《ようどう》は、部下兵団の集散離合《りごう》を至当《しとう》に指導し、適時、確実、有効に協力せしむるにあり。

要道―秘訣、いちばん大切なこと　兵団―大部隊、通常諸兵《しょへい》連合の旅団以上　至当―適切

＊大軍は、前進時には分散し、戦闘には合一《ごういつ》するという、分進合撃《ぶんしんごうげき》策を賞用する。

（チェール、十八世紀のフランス人）

＊兵術は、分散と集中の技術である。

＊全力をもって争う（戦力を集中し、わが全力をもって、敵の分力をうつ）。

（野島流海賊古法）

＊戦闘の要訣は先制と集中にあり。

（海戦要務令）

＊戦勝の要は、有形無形の各種戦闘要素を総合して、敵に優る威力を要点に集中発揮せしむるにあり。

（作戦要務令）

＊戦闘部署の要訣は、決戦を企図する方面に対し、適時、必勝を期すべき兵力を集中するにあり。

（作戦要務令）

＊敵将は皆《みな》経験に富み、決して凡庸《ぼんよう》ではないが、彼らは一時に多くのことを考えすぎた。私はつねに敵の主力だけを考えた。

（ナポレオン）

＊事をなしとげる秘訣は、一時に、ただ一事をなすにある。（リンカーン）

＊仕事の効果をあげる第一条件は、努力の集中である。効果的な経営者は、最も重要な仕事から一つずつ片付ける。（ドラッカー）

28

ある前提のもとに合理的な計画または方策を策定するのは、実は、そんなに難しいことではない。ほんとうに難しいのは、意外なる事変・錯誤・障害の圧迫下に立ち、真偽《しんぎ》不明、万事不確実で、混沌《こんとん》たる情勢のうちに一道《いちどう》の光明を発見し、戦いの真相を捕捉し、機を失せず既定の計画などに至当なる修正または改変を加えて、実況に適応させ、しかも根本目的を逸しないことである。

＊まっすぐ飛ぶのは、ねぐらへ帰る鳥ぐらいなものだ。（フルシチョフ）

＊理想と現実との食い違いを克服するものは自信である。作戦計画と眼前の事象との間には往々にして大きな間隙《かんげき》（違い）が現われるが、自信があれば埋《う》められる。（クラウゼウィッツ）

＊戦場は千変万化なり。かねて定めたると違うことあるものなれば、それはそれとしてただ戦え。それに当惑して狼狽《ろうばい》するから敗れる。（馬場信房《ばばのぶふさ》・武田軍の名将）

＊　戦争では予想外の事が現われることが多い。情報が不確実なうえ、偶然が多く働くからである。（クラウゼウィッツ）

前提条件を与えられて、合理的な答えを出すことはコンピュータがやってくれる。前提条件に変化が起きた場合も同様である。人間がやらねばならないのは、不意に条件が変化したとき、その実相を見極めて、これをコンピュータに与えることである。さらに、その実相がわからなくなったとき、自分で前提条件を仮定することである。

大洋を航行する船の航行計画はさぞ複雑なものだろうと想像するが、実は意外に簡単で、時には海図上に一本の線を引くだけのものもある。しかし簡単でないのは、嵐《あらし》に遭遇したり、船に故障がおきたりして、計画どおり航行できなくなったときの対策である。

船が港を出た後の船長は呑気《のんき》なもので、食堂で船客と食事をともにしたり、デッキでゴルフに興じたりして、悠然たるものがあるが、いったん嵐に遭遇したりすると、行動態度は一変する。船橋《せんきょう》に立ち、海面を睨み、計器を注視して、針路の確保と船体の安全を考え、針のように神経をとがらせて、情勢の変化に対応することに全力をあげる。将帥や経営者のあり方も、このようでなくてはならない。

計画の実行には障害がつきものであり、リーダーたる人間の役目は、これをいかに処理するかにある。経営者が不況を歎《なげ》くのはおかしい。好況時の会社は経営者などいなくても動く。経営者は不況時のためにあるもので、倒産の危機に際会《さいかい》したら「待ちかねた！　今こそ出番」と勇み立つべきだと思う。

計画の障害には、予期したものと、予期しないものとあるが、われわれは予期した障害に当面したときにもあわてることが多い。こんなときには錯覚を起こし、いらぬ手を打って、かえって事態を悪化させてしまう。

異様な事態に不意に当面したときには、立案の基礎条件を思い出すことで、これに変化のない限り、何事が起ころうとも、予定どおり実行する英知と度胸を持たねばならない（『名将の演出』三五ページ参照）。

29　大軍の統帥とは、方向を示して、後方を準備することである。

「大本営の命令はあまり役に立たず、かえって現地兵団の作戦を妨害したことの方が多い」とは、世界各国の戦史が共通して訴えているところである。

いくら情報機能が発達しても、大本営にいては、戦線の状況とくに人間心理の微妙な動きはわからないし、そんな大本営の人間が紙上プランで考えてやきもきし、細かいことを性急に指示しても、鈍重《どんじゅう》な大軍はいちいち対応できないのである。

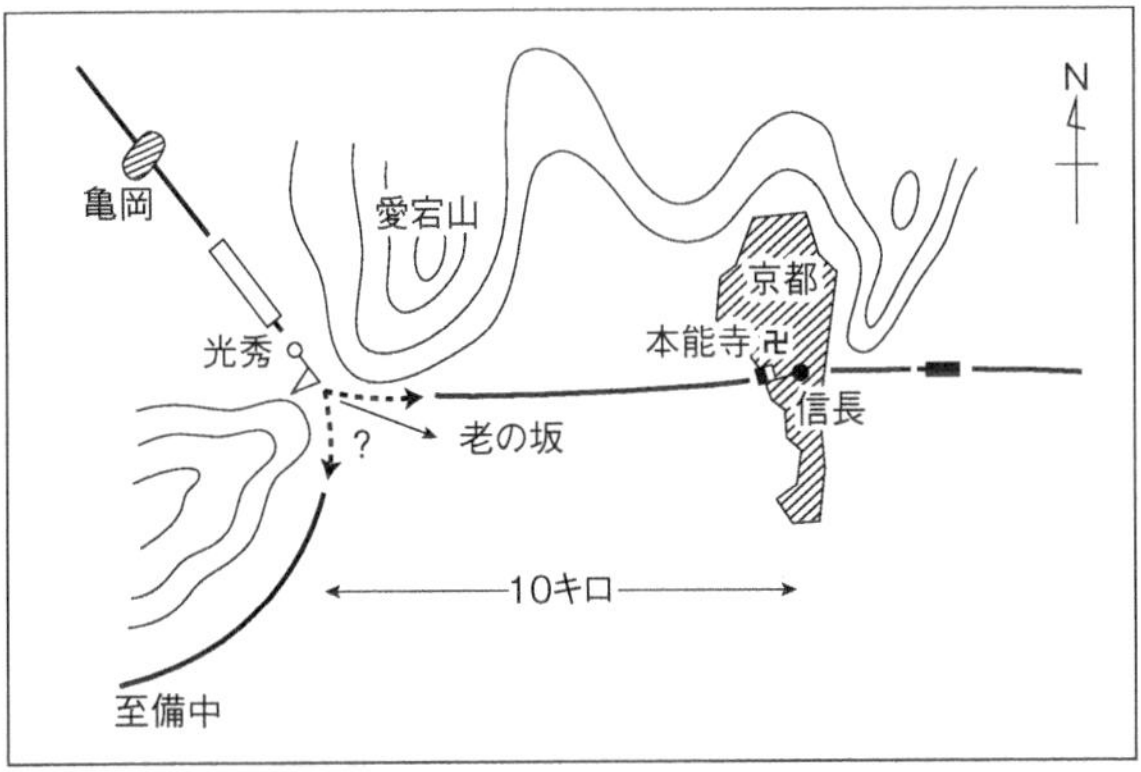

第22図　老の坂で一般方向を誤った明智光秀

大軍を統帥するものは、つねに根本目的を睨んでいて方針を明示し、これを実行するに必要な後方すなわち補給を十分にし、前線兵団が思うように戦力を発揮できるようにしてやることが大切で、これを放っておいて、いらぬおせっかいをするから嫌われるのである。

日露戦争（一九〇四〜〇五年）の勝を決した奉天会戦において、ロシア軍の西側背に迫って勝機をつくった第三軍の乃木希典《まれすけ》軍司令官は、総司令部からの通信線を自ら命令して断ち切らせ、前線に向かって突進したという。聖人のような彼にとっても、総司令部命令の煩《わずら》わしさには我慢できなかったのである。

方針を明示し、資金を準備し、利益を適正に配分さえすれば、どんな大企業でも経営できるし、これをしなければ、どんな小企業でも経営できない。そしてこれ以外のことは現場を煩わすだけのことである。経営は簡単である。しかしこの三件を至当に実行することは極めてむずかしい。

■老の坂で一般方向を誤った明智光秀

備中《びっちゅう》の国（岡山県の一部）で毛利軍と対戦中の羽柴秀吉軍の増援を命ぜられた明智光秀は、丹波《たんば》の亀岡に勢揃いした部下の軍を率いて出発し、老の坂の分かれ道にさしかかり、そこで迷いに迷った。西へ行けば無難ではあるが、面白くない。信長に謀反《むほん》するには東進し、京都においてその不意を襲わねばならないが、一つ間違うと大変なことになる。

彼の鞭《むち》はついに東を指してしまった。「一般方向東！」と宣言して、一六《いちろく》勝負に出たのである。明智の軍は一斉に坂を駈けおり、桂《かつら》川の白波を蹴《け》たてて京都に突入し、本能寺を襲って信長を討つことに成功した。六月二日、まだ夜の明け切らぬうちのことである。しかし、一般方向を誤った明智光秀は三日天下で滅んでしまった――第22図（一〇三ページ）参照。

30　敵に先んじて、自主的にわが意思を決定し、速やかに方針を確立

することは、先制権を把握《はあく》し、積極主動の作戦を指導するための第一要件であり、とくに強者の戦法を採用しうる指揮官は、主作戦方面の決定はもちろん、会戦地・主決戦方面・決戦時機なども自主的に決定して、状況の推移にまかせず、自己の法則を敵に強要するように努めなければならない。これこそ兵力の経済的使用のための最良の手段である。

＊　戦闘指導の主眼は、たえず主動の地位を確保し、敵を致して意表に出で、その予期せざる地点と時機とにおいて徹底的打撃を加え、もって速やかに戦闘の目的を達成するにあり。（作戦要務令）

＊　よく戦うものは、敵を致して、敵に致されず。（孫子）

＊　敵の愛するところ（すてておけないもの）を奪わば、すなわち聴かん（こちらのいうことを）。（孫子）

およそ相手のある仕事を実行するにあたっては、つねに機先を制して主動に出、自分の意思を相手に押しつけて、こちらのペースで事を運ぶことが大切で、相手のペースに引きこまれると、手も足も出なくなってしまう。

「なんの用で来た！」と、先に相手から切り出されたセールスマンは負けである。

腰かけるや否や、間髪《かんはつ》を容れず、先手を打って話しかけねばならない。ただし、いきなり「買ってください……」というのは愚策である。

「降ると見ば、つもらぬうちに払《はら》えかし、柳《やなぎ》の枝に雪折れのなし」というのは、剣豪荒木又右衛門《あらきまたえもん》の鉄扇《てっせん》に刻んであった柳生新陰《しんかげ》流の極意の歌である。打ちこんでくる相手の剣先を払おうとすれば、自分の剣を大きく振りまわさねばならないが、相手のつば元を狙えば、こちらの剣先をちょっと当てるだけですむ。もう一歩進んで、相手が打って出ようとする出鼻をついて、その小手先にこちらの剣先を近づけてやれば、別に打たなくても、相手の企図を未発に終わらせることができる。

野球でも、楽に守るには、打者を塁《るい》に出さないことである。走者が盗塁すると見たら、牽制《けんせい》球を送って押えねばならない。打者に打ち気十分とみたら、それをそらす工夫が大切である。一回表の攻撃で第一打者がホームランを打っても一点しかとれない。第一・第二・第三打者を塁に出しておいてからホームランを打てば、一挙に四点とれる理屈であるが、どちらが有利であるかはわからない。常勝チームであったら後者がよいであろう。そのため打順決定の定石は三番・四番に長打者をおいている。しかし連敗チームの場合は話が別で、試合劈頭《へきとう》、第一打者がホームランを出した先制得点の有形無形の利益ははかり知れないものがあり、この一打で、精神的に勝を決することができるのである。

戦闘指導の秘訣は先制・主動・意表の三語につきる。経営の秘訣もまた同じである。何事でも機先を制し、その初動の時、できれば未発のうちに処理することが大切である。

戦いの先制主動権を失ったものは、敵の後をついていくことになる。そうなると、敵は十分準備してから行動に移っているのに対し、こちらは形に現われた敵の行動を見てから、急いで準備にとりかかるのであるから、どうしても一手おくれになり、応急手当に忙殺《ぼうさつ》されて、実になる仕事ができない。敵に追いつくどころか、ますます引き離されてしまう。なお、敵とは、われわれの場合は必ずしも競争相手である同業者ではない。市場・仕事・顧客・社員・部下・上役など、目的や目標とするもののすべてである。ただし敵意はない。たとえば、顧客が買いに来てから製造を始めるのでは間にあわない。来年の顧客の需要を予想して今年中に製造の準備を始めねばならない。出版業界で「曲り角の向こう側にあるものを狙え」といわれているのも「現在売れているものの次に来るべきものを判断して、本を出す準備にかかれ」ということである。

名将や名経営者は先制・主動・意表（相手の予想外）の価値、すなわち先手を取ることの重要さをよく知っており、相手によっては、この着想だけで勝敗を決している。大垣付近における関ヶ原前哨《ぜんしょう》戦の徳川家康（『続・名将の演出』一六〇ページ参照)がその適例である。相手の方も名将となると、先手の取りあいが始まる。川中島《かわなかじま》合戦における武田信玄と上杉謙信のシーソーゲームが、それである（『状況判断』二ページ参照）。

先手を取るには、まず自分のしたいことを決め、次にこの実行を邪魔するものは何かと見きわめ、これを上手に処理することを考える。

この順序を誤り、自分の心を決めないで、相手の出方ばかりうかがっているから、後手に回ってしまうのである。

31 戦いは活劇なり、我が敵の意思の自由を奪わなければ、敵がわが意思の自由を奪う。

レーニンは「中立国は潜在《せんざい》的な敵である。こちらが取らねば、必ず敵がとる」といっている。覇権《はけん》主義もいいところで、民主的なインテリの言とは思えないが、彼にしてこの言ありとすれば、われわれとしても考えなければなるまい。

自動車の場合、何年式などといって、あまり必要でもないモデル・チェンジをし、無駄な費用を使うのはおろかなことではあるが、わが社がやらないからといって、競争会社も差控《さしひか》えるとはかぎらず、うっかりしていれば取り残されてしまう。

経営は生きた人間の活劇であり、相手のことを考えないで、自分の哲学に安住《あんじゅう》することは許されない。同業会社に負けないモデル・チェンジをするか、モデル・チェンジを必要としないようなロングセラー製品を開発すべきである。

現代の顧客は「本物志向」だといわれている。経済の高度成長期が去るとともに人々は「ほんもの」を求め出したのである。不況にもかかわらず超高級マンションが売れたり、豪華な画集やあまり面白いとも思えない原点探求型の高価な本が求められるのが、その現れであろう。経営者は顧客に先を越《こ》されてはならない。

32

先制は部下に対しても必要なり。

統帥者の意思決定はたんに敵に先んずるのみならず、部下にも先んじなければならない。被統帥者もそれぞれ当面する敵をもち、これと戦うためには、上からの命令の有無にかかわらず、機を失せず意思決定をしなければならないものであるから、統帥者はこれに先立って意思決定をし、被統帥者が自己の意図外の行動に着手する以前に、これを伝達しなければならない。

部下（被統帥者）の方が先に意思決定をしており、それが自分（統帥者）の意思に反するとき、両者を一致させることは非常に困難であり、戦況がこれを許さないことも多い。計画についてもそうである。統帥者は機を失せず意思を明示しなくてはならない。

被統帥者もまた部下に対しては統帥者であることを考えれば、統帥の威信《いしん》を保つため、たとい上司の命令であっても、すでに下達《かたつ》した命令を変更することを嫌がるのは当然であり、まだ命令を出す前の計画作製の段階においても、これを変更することは多くの時間と労力を費《ついや》し、しかも錯誤や混乱を起こしやすい。

統帥者は機を失せず意思決定をしなければならない。一般方向だけでもよいのである。

＊　命令（計画）の変更は、これを取り止めることよりも困難である。

33

指揮官の決心は実に統帥の根源である。

決心は、作戦または会戦の指導に関する確固たる信念に立脚《りっきゃく》し、純一《じゅんいつ》鮮明にして、一点の混濁《こんだく》暗影を含まず、しかも戦機に投《とう》じなくてはならない。

確固たる信念に立脚しない決心には力がなく、しばしば動揺をきたして、統帥の秩序節調を乱し、純一鮮明を欠く決心は部下に徹底せず、衆心《しゅうしん》を帰一《きいつ》することができず、従って衆力《しゅうりょく》は分散する。決心の機を失するときは、先制主動権を喪失する。

確固―しっかりした　節調―節度と調子。テンポとリズム　帰一――一点に集める　喪失―失う

作戦または会戦の指導に関する方針は、現況に応ずる逐次《ちくじ》の決心により実行に移される。したがって指揮官が重大な決心をするときには、つねに作戦または会戦の根本目的・根本方針を考えなくてはならない。人によって各種各様に解釈されるような決心は衆心を離散《りさん》させる。

決心すなわち意思決定は重大であり、指揮とは、決心を準備し、決心し、決心を実行に移す作業といえる。社長は決心の機関である。そして、社長の決心は企業の運命を左右する。

＊　側近から「不決断なり！」と見くびられた君主は危ない。　（マキャベリ）

34

統帥の冷静慎重と秩序ある節度とは、兵団の大きくなるに従い、いよいよ必要である。

大軍の指揮官は軽率に重大な決心をすることを厳戒《げんかい》するととも

に、決心の変更は最も慎重な考慮のもとに行わなくてはならない。

大軍の指揮における決心は「いつ、どこに、決戦を求めるか、または決戦を避けるか」であり、つねにこれを明確にしなければならない。

大軍の指揮における決心は、作戦の転機に適応すべきもので、小刻みに行うべきものではない。

指揮官の決心に応ずる大軍の行動開始までには時間がかかり、また一度行動を開始すると、その後の修正変更は極めて困難であり（旧命令の取り消しと新命令の伝達に時間がかかり、しかも徹底しない。これに応ずる兵団の行動には二倍以上の時間がかかる）、これを強行すれば、統帥の秩序と節度を破壊する。

しかし大軍の統帥においては、すべての状況を明らかにしてから決心し命令をすることは不可能なことが多いから、なるべく限定的な命令をすることを避けるとともに、どうしても必要ならば修正変更を断行する勇気を持つことが大切である。

＊ 威は変ぜざるにあり（軽々しく命令を変更すると威信を失う）。（尉繚子）

＊ 命令は小過ならば（小さい間違があっても）改めず、小疑（小さな疑惑）ならば中止せず。（尉繚子）

35

古来、統帥の失敗は反動心理の衝動《しょうどう》にもとづくことが多い。

悲観的戦況がにわかに好転し、または楽観的戦況が俄然《がぜん》悲観的に急変し、あるいは判断を誤って過度に慎重または冒険の態度に出《い》でたるときに、その非を悟り、反動心理の衝撃を受けたる場合などがそうである。このような場合には、あるいは過度に放胆《ほうたん》なる決心をとり、また過度に消極に陥りやすい。

統帥の任にあたる者は、戦況の波乱にゆられつつも、つねに心理の平衡《へいこう》を失わず、統帥の節調を乱さない覚悟が必要である。

俄然——にわかに　放胆——自由なる大胆

＊　将帥は、心に不動の羅針盤《らしんばん》を持たねばならない。（クラウゼウィッツ）

大東亜戦争の太平洋作戦における、ミッドウェー海戦の日米両国に与えた心理的衝動《ショック》は甚大《じんだい》で、爾後の戦勢の推移を決したほどのものであった。

その原因は、必勝を信じた連勝日本海軍が放胆な戦法をとって決戦を迫ったのに、劣勢なアメリカ海軍の反撃にあって、意外な完敗を喫《きっ》したことにある。主力航空母艦の喪失という物質的損害も大きかったが、それよりも痛烈だったのは、敗けるはずのない航空戦に敗れたという、精神的ショックによる傷手であった。

36　統帥の根源は指揮官の決心であり、命令は決心実行のための重要手段である。

決心実行の手段としては、命令のほかに通報（彼我の状況・指揮官の意図・地形・気象などに関する情報を伝える）・指示・教示・訓示・督励《とくれい》などがある。

大軍の統帥においては通報が大きな役割をする。高級指揮官に対しては、通報によって、その判断の資料を与え、自主的に決心させる方が感情的な摩擦《まさつ》が少なくてすむからである。ただし指示・教示に対しても、これを発した者には命令同様の責任があり、命令でないことを理由にして、これを回避することは許されない。

命令の骨幹をなすものは、指揮官の企図とこれにもとづく各兵団の任務であり、この二つの表現方法については、誤解なく伝達できるように、周到な注意を払わねばならない。

命令を正しく理解させるには、命令の作り方を適切にするばかりでなく、それ以前に、発令者と受令者との間に、統一した思想・観念があり、しかも脳裡《のうり》に映ずる状況が一致するか、少なくも近似していることが必要である。

統帥の方法は時代の推移とともに変化している。

プロイセンのフリードリッヒ大王（二世、一七一二〜八六年）は今日の意味の参謀（スタッフ）を持たず、その軍隊が大きくないこともあって、彼の命令はむしろ号令《ごうれい》（受令者の任務だけを示す）に近く、簡単であり、その戦法は号令戦法といわれていた。わが国の織田信長流である。

フランスのナポレオン一世時代には軍隊は、多数となり、戦場は広大となったので、統帥のための輔佐機関を必要とするようになった。ナポレオンは参謀部を持ち、主として命令を用い、しかもその命令は詳細にして具体的で、実行の細部にわたることまで指示されていた。ナポレオンの統帥は中央集権的で、統帥の手綱《たづな》を強く引き締めて、部下兵団を確実に掌握し、自己の意図を厳重に実行させる主義であり、モルトケのように、部将の独断については大なる価値を認めなかった。そのため、初期にはすばらしい威力を発揮したナポレオンの戦法も、彼の軍隊がさらに増大し、その作戦が大規模、複雑となるにしたがい、だんだん勝ちにくくなった。「命令戦法の行き詰《づま》り」である。

プロイセンのモルトケは各兵団長に大きく権限を委譲《いじょう》し、その自主積極的行動を貴重とした。彼は訓令（指揮官の企図を明示し、これにもとづく各兵団の任務は示さないか、あるいはその大綱を示すにとどめる）を主用し、各兵団長の独断専行を奨励《しょうれい》した。

そのために、たとい命令が状況に適応しないようになった場合においても、各兵団長の積極的独断と自主的協力により、円滑に作戦を進めることができた。「訓令戦法の勝利」である。

■号令・命令・訓令

われわれの場合にも、号令・命令・訓令の使いわけは重要である。

「明朝午前八時、東京駅発のひかり（新幹線）を買ってきてくれ」と号令すれば、「売り切れです」と言われた使いの者は「買えませんでした」と、手ぶらで帰ってくる。職務に忠実であり、「気がきかない……」と怒る方が間違いである。

「明日正午までに大阪の本社に行きたい。明朝午前八時、東京発のひかりを買ってきてくれ」と命令すれば、使いの者は、八時がなければ七時五十分のひかり、それもなければ七時のこだまを買ってくる。ちょっと早く家を出ればよいのだから、別に腹も立たない。

「明日正午までに大阪の本社へ行きたい。手配たのむ」と庶務《しょむ》課長に訓令すれば、列車が混んでおれば飛行機を準備し、もし重要な会議であれば今夕のひかりを買い、ホテルを予約して英気を蓄えさせてくれ、万一の列車事故に備えるように配慮する。

会社で、来客にお茶を出させる場合などには「お茶を持ってきてくれ」と号令すればよい。しかし訓令を心得ている社員なら、黙っていてもお茶を持ってくるし、日本茶・紅茶・コーヒーの使いわけもうまくやる。訓令で動く社員のいるような会社の経営が悪かろうはずがない。

企業経営全般についても、号令・命令・訓令の使いわけは重要で、その企業が組織的活動をしているかどうかは、幹部とくにトップがこれを適切に行っているかどうかに集約して現われている。急成長の花形企業の不可解な倒産は、号令が主用されていることに殆《ほと》んどの原因がある。

織田信長は号令の人、豊臣秀吉は命令の人、徳川家康は訓令の人であった。

種類	指揮官の企図	受令者の任務
号令	×	○
命令	○	○
訓令	○	×

37 三、会戦

会戦とは、敵を圧倒殲滅《あっとうせんめつ》する目的をもって、軍以上の兵団の行う戦闘およびその前後における機動の総称である。

会戦の目的を達成する唯一の要道《ようどう》は攻勢にある。したがって敵のために一時機先を制せられた場合においても、卓越した統帥をもって主動権を奪還《だっかん》し、機に投ずる攻勢により、よく戦勢を挽回《ばんかい》し、進んでこれを勝利に導かねばならない。

また、戦略上の必要にもとづき、やむをえず一時守勢に立つ場合においても、適時攻勢を断行することが必要である。

圧倒─有形無形的に相手をおしたおす　殲滅する─全滅《ぜんめつ》させる　要道─鍵《かぎ》、キーポイント　攻勢─敵を求めて撃破する戦略行為で、戦術的には攻撃という　守勢─自己に対する敵の企図を防止する戦略行為で、戦術的には防御という　機動─一般に交戦《こうせん》前後および交戦間における軍隊の戦略・戦術上の諸運動をいい、戦場における機動とは、各級指揮官がその戦闘目的達成のために行う兵力の移動をいう

■攻撃に自由、防御に遊兵

「防御は攻撃よりも有力な戦闘方式である」とクラウゼウィッツは言っている。防御の方が楽で安全なのだから、誰が考えてもそういう結論になる。ところが、古来、防御で勝ったためしがない。理論と実際が違った結果になるのは、心の問題が原因で、防者には次の精神的不利があるからである。すなわち、

一、精神的に萎縮し、消極策に陥って自滅《じめつ》する。

二、遊兵を生じやすく、決勝点に戦力を集中することができない。

の二大欠点があり、命を賭けた戦場では、理論を超越して致命的な欠陥となるのである。

攻者は戦いの場所・時機・方法を自主的に決定できる。したがって自分の希望する所と時に、主戦力を集中発揮できるが、防者は逆にこれらのことを相手から強要されるばかりでなく、つねに不安におそわれて、いたるところに常時配兵することになり、遊兵（役に立たない兵力）と労兵《ろうへい》（疲れた軍隊）を作

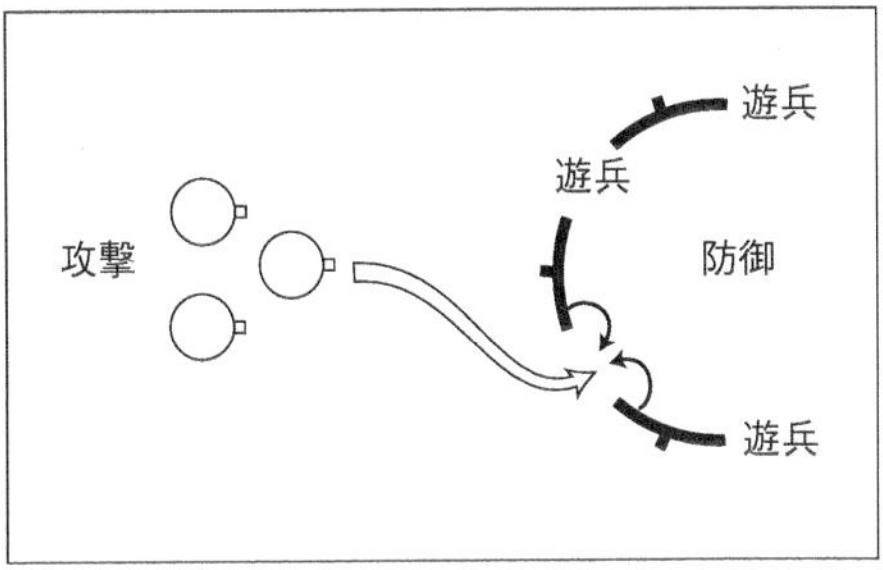

第23図　攻撃に自由、防御に遊兵

ってしまう。

なお、防御の不利には「勝っても、もともとだ」ということがある。病気を治す苦労に似て、積極的な（プラスになる）収穫がない。

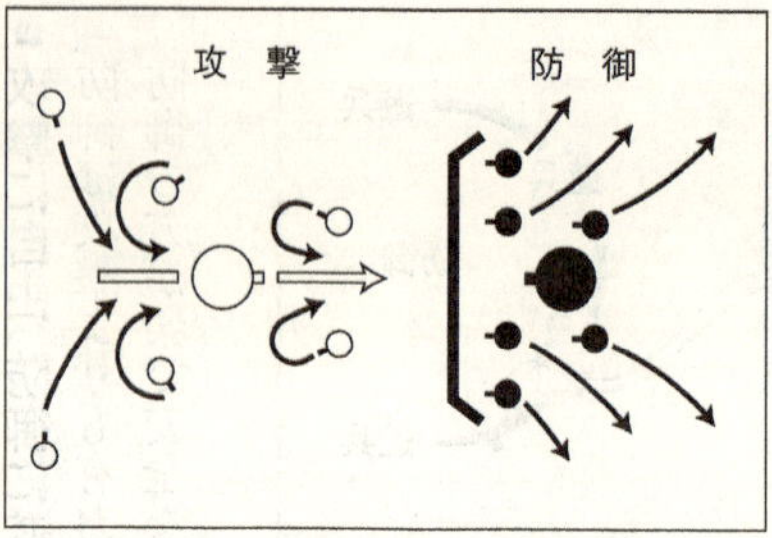

第24図　攻撃は求心、防御は離心

■攻撃は求心、防御は離心

攻撃は衆人の心を中心（指揮官、リーダー）に集中させる（求心）作用をもち、防御は衆人の心を中心から離散させる（離心）作用をもつ。これが群集の心理である。

山崎合戦で、一意《いちい》攻勢に突進した羽柴秀吉軍一万は、その求心作用により、いつの間にか雑軍《ざつ》を吸収して二万七千にふくれあがり、防勢に立った明智光秀軍二万五千は、右往左往している間に離心作用をおこして、一万七千に減ってしまった（本書第14図〈五九ページ〉および『状況判断』第47図参照）。

第二次世界大戦における太平洋作戦で、アメリカ陸軍司令官マッカーサーは、オーストラリア人の敗北感を払拭《ふっしょく》すること、およびイギリス・オランダ・フィリピン・ニュージーランド・アメリカよりなる国際軍の衆心を一致させることに苦心した。オーストラリアの防衛線をブリスベーンラインよりスタンレーラインに推進したのは、そのためである。

　不況のときには、経営者は新規事業・設備投資・人員採用などを見合せて手固く構え、いわば防勢に立つわけであるが、人間を統率するものである以上、なにもしないで消極策に終始してはならない。

なにもしない社長は、社員に不安を与え、その不信を招き、ついに社員を離散させてしまう。つねに旗を掲げて、将来の目標を明らかにし、時には局地的攻撃を行って、離心作用の発生を予防しなくてはならない。

＊　防御は攻撃よりも有力な戦闘方式である。しかし、その目的は現状維持で、消極的である。攻撃は防御よりも敗れやすい戦闘方式であるが、それだけに大きな成功を収めることができる。　（クラウゼウィッツ）

＊　敗れやすいという危険があるにもかかわらず、攻撃が行われるのは、より大なる犠牲を払っても、より大なる目的を達成したいと思うからである。　（クラウゼウィッツ）

＊　より敗れやすい攻撃方式を使えるだけの力があると、自信を持っている者は、攻撃によって、より高度の目的を追求すべきである。自信のない者は、より有力な防御方式の保護

を受けるために、目的を控《ひか》え目にしなくてはならない。（クラウゼウィッツ）

＊　戦争の最終目的は防御では達成できない。攻撃のないところには勝利はないからである。（クラウゼウィッツ）

＊　わが国はいま革命の危機にあり、これを阻止《そし》できるのは、ちょっとした対外勝利である。（日露戦争直前のロシア内相プレーベ）

＊　ピンチに陥った企業を救う途はコストダウンでもなければ、経費節減《せつげん》でもない。開発こそ企業蘇生《そせい》の唯《ただ》一つの方法である。銀行管理は企業家精神を金縛《かなしば》りにし、わずかに残された開発の火種を消してしまう危険がある。萎縮ではなく挑戦《ちょうせん》が、撤収ではなく開発が、整理ではなく企業家精神が必要である。（内橋克人《うちはしかつと》）

38

会戦の成否は、戦争の運命を決する最も重大な要素であり、あらゆる作戦行動はことごとく会戦における勝利を確実、偉大《いだい》なるものにすることを終局の目的として実行しなくてはならない。

とくに第一会戦の成否が内外に与える影響は甚大《じんだい》なるものがある。必勝を期するとともに、絶大なる成果を獲得するに努め、第二会戦以後の会戦指導においては、それまでの会戦より得たる成果と経験を的確正当に判定して、これを活用拡充《かくじゅう》しなくてはならない。

拡充—範囲を押し広げ、内容を充実させる

第一会戦の勝敗が全戦局に与える影響の大きいことは、日露戦争における鴨緑《おうりょく》江《こう》の会戦（『戦略と謀略』一三二・一六一ページ参照）がよく示しており、このことは現在もかわりはないが、近代戦においては、第一会戦に引き続き、数次の会戦で、さらに数次の打撃を与えなくては、敵戦力を破壊できなくなった。第二次世界大戦において、日本はハワイ作戦およびマレー作戦で、ドイツは独仏国境の電撃作戦で、それぞれ緒戦《しょせん》の大戦果をおさめたが、これだけで戦勝を決することはできなかった。

39

会戦は、彼我の自由意思の衝突、信念の闘争《とうそう》であり、その勝利は敵の意志を撃摧《げきさい》し、その信念を破壊した者の手に帰する。

敵の意志・信念を撃摧する要道は、敵の最も苦痛とする場所と時機とにおいて、その最も苦痛とする戦力をもって、激甚《げきじん》なる衝撃を不意に加えることにある。これがためには、つねに主動の地位を確保し、敵の意表に出《い》で、所望の時機・所望の方面において優勢を発揮することに努めなくてはならない。

意思―考え　意志―意思をなしとげようとする強い心　撃摧―うちくだく　要道―大切な道。最も効果的な手段。キーポイント

＊戦争とは、敵を屈服させて、わが意思を実現するための武力行使である。
（クラウゼウィッツ）

＊わが意思を敵に押しつけることは戦争の目的（ツウェック）であり、この目的を達成する手段として、敵の抵抗力を破摧《はさい》することが、戦争行為の目標（チール）である。
（クラウゼウィッツ）

＊勝利は物質的破壊によって得られるものではなく、敵の勝利の希望を破壊することによって得られる。
（フォン・デル・ゴルツ）

＊物質的破壊は、精神的破壊をなしとげるための手段である。物質的戦力の大差が断絶的な威力を発揮するのは、それが相手に絶望感を与えるためでもある。

＊敗れたる会戦とは、敗者が、自分の敗れたことを認めた会戦である。
（ジョセフ・ド・メーストル）

＊精神力を失うことが、勝敗の分かれる原因である。そしていったん勝敗が決定すると、これはますますひどくなる。
（クラウゼウィッツ）

＊　予期しない事変の突発《とつぱつ》は、精錬《せいれん》なる軍隊をも恐怖の奴隷《どれい》と化する。（ゼノフォン）

＊　最初の一撃を持ちこたえよ。（マキャベリ）

軍という組織は強大であるが、一つの有機体（生きもののように各部が密接な関連をもっており、一部の故障は全体に大きな影響を与える）を構成しているから、その死命を制する急所というものがある。勝利に対する敵の希望を撃砕して、敗戦を自認させるには、敵の急所に対して強い打撃を加えればよい。

われわれの場合でも、たとえばある企業に物を売りこもうとする場合には、購買《こうばい》の決定権をもつ者を見極め、これにセールス工作の重点を指向しなければならない。ただし、この者は必ずしも高級幹部ではなく、たとえば社長用乗用車の購買決定者はその運転手である。家庭用品の購買決定者は夫ではなくて、妻である場合が多い。

予期しない事態を突発的に展開し、戦略・戦術的に敵を奇襲することは、実に敵の意志を破摧するための第一の武器である。奇襲は戦いの場所・時機・兵力・兵器・戦法など、あらゆる面において企図することが大切であり、そのすべてに共通して必要なものは機動力である。

古来、成功した戦闘・会戦で、なんらかの意味において奇襲していないものはない。また、敵の苦痛とする場所と時機とに対する不意の衝撃は、たとい小さなものでも、敵の統帥を攪乱《かくらん》し、その意志を撃砕することができる。

■社長の意思と信念

なんのために会社をやっているのか、どういう方法で会社を経営するのか、ということについて、経営者ははっきりした考えをもっていないと、部下を引っ張ってはいけないし、苦境に際して頑張りがきかない。

会社の経営には困難はつきものであり、まずい失敗は必ずある。こんなとき、社長に信念がないと立ち直れないのである。

いかに利益をあげている会社でも、その社長が「私は会社にも社会にもよいことをしているのだ」という信念をもち、実際によいことをしていないと、ちょっとした失敗で、とたんに社長が精神的に参ってしまい、会社を危機に陥れるおそれが多分にある。

われわれの会社の発生過程は、まず前提として、敗戦後、食っていけない人間があり、次に、どうして食っていこうか？という問題に進展したものである。「初めに仕事ありき」で、それをなしとげるために人・金・物を集めたものではない。

私は社長在職二十六年間の経済波乱期において、社員諸君の台所の補給を絶《た》やさなかったことに誇りをもっている。昭和二十七年暮のボーナスを出した夕方に、会社の門前に立っていたら、子供の手を引いた社員の細君が、あまり大きくもない新《あら》巻鮭《まきざけ》を抱えて通りかかり「お陰《かげ》でよい正月を迎えられます」と、儀礼的な挨拶をした。私は経営者として、このときほど生きがいを感じたことはない。

40

会戦間、彼我の危機はしばしば戦線各所に発生し、軍隊は一勝一敗の間に浮沈《ふちん》し、統帥部は悲観と楽観の波にゆられ、戦勝の光明は明滅《めいめつ》して定まらないのが常態である。

この間に立って、ついに全局の勝利を博し、戦場の勝者となる要件は、確固たる信念・先制主動・戦機の洞察《どうさつ》と活用・上下の信頼・各兵団行動の統一と努力の集中・補充補給の円滑などである。

洞察――見抜く　補充――人馬の不足をおぎない、みたす　補給――物資の不足をおぎない、みたす

会戦においては、彼我ともに過失錯誤がしきりに起こり、予期しない事変や彼我の弱点危機はいたる所で不断に発生する。会戦の統帥に任ずる者は悲観と楽観の波《は》浪《ろう》にゆられ、手に汗《あせ》を握ることが多い。そのため、確固たる信念のない者、積極主動の精神に乏《とぼ》しい者はついに心理の平衡を失い、統帥の節調を乱し、戦機を逸し、各兵団の努力を分散消滅させてしまう。

「戦争は過失と錯誤の連続であり、その一つでも敵より少ない者を勝者という」の言葉があるように、大勝といい大敗というも、その差は紙一重であり、彼我ともに泥まみれとなり、醜態《しゅうたい》の限りをつくしつつも、辛うじて、相手よりもわずかに永《なが》く戦意を維持することができた者が、勝者なのである。

41

会戦地は、作戦方針にもとづき、最も有利なる条件のもとに決戦を求め、最大の戦果を獲得できるような地域に選定する。すなわち、敵を戦略上不利なる状態に捕捉して、これに決戦を強要し、我は行動の自由を保有して、戦略上有利なる状態において会戦を実行し、敵を会戦地において撃滅するか、これを背後連絡線外に圧迫し、その策源より遮断《しゃだん》するを得ば、最も有利なり。

外線作戦の場合においては、とくに自主的に考案して会戦地を選定し、分進する諸軍の集結が容易で、協同確実、しかも内線軍の作戦枢軸《すうじく》に近く選定する。

内線作戦においては、外線軍の協同連繫《れんけい》が困難で、わが機動の自由な地に選定する。

背後連絡線──作戦軍と策源との間の交通線（道路、鉄道、水路など）をいう　策源──作戦

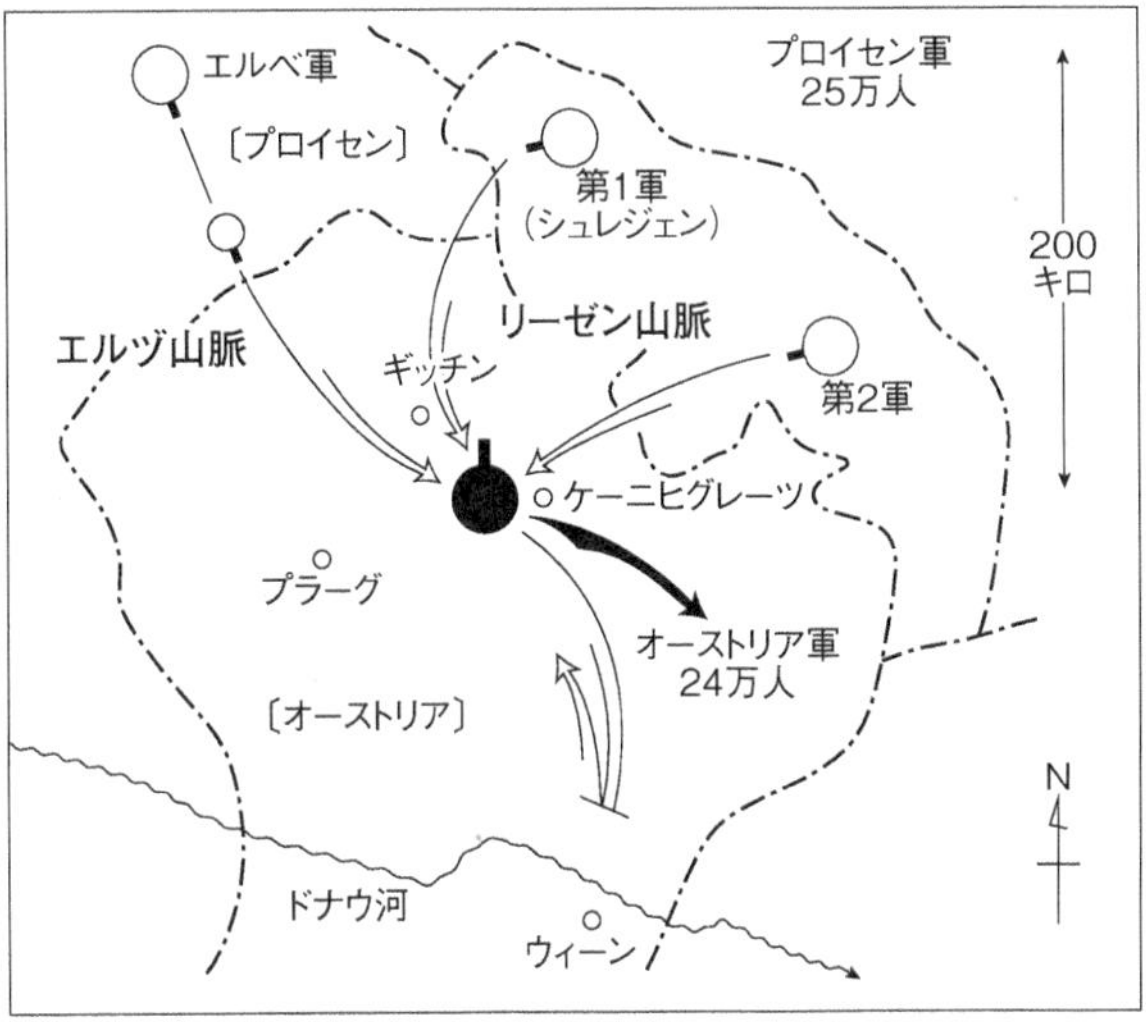

第25図　普墺戦争（1866年６～７月）

軍が、その背後に有する活動および生存上の根拠地《こんきょ》をいう

＊　戦の地を知り、戦の日を知れば、千里にして会戦すべし。　（孫子）

＊　まず戦地に処して、敵を待つものは佚《いつ》（楽）し、おくれて戦地に処して、戦いにおもむくものは労（疲労）す。　（孫子）

＊　逸をもって労を待つ。　（孫子）

＊　よく敵人をして自ら到《いた》らしむるは、これを利すればなり、よく敵人をして到るを得ざらしむるは、これを

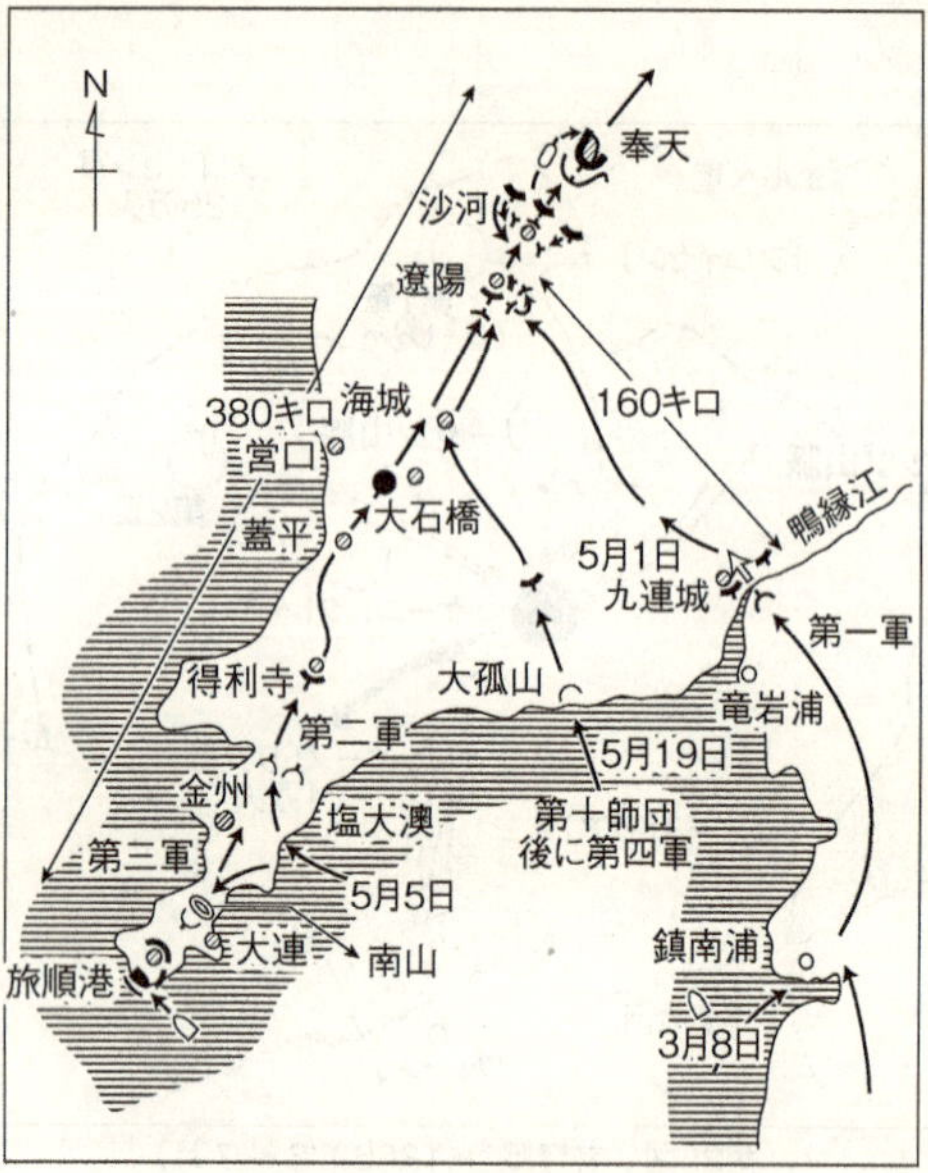

第26図　日露陸戦一覧

害すればなり。　（孫子）

＊我、戦わんと欲すれば、敵、塁《るい》を高くし壕《ごう》を深くすといえども、我と戦わざるを得ざるは、その必ず救うところを攻むればなり。我、戦わんと欲せざれば、地に画してこれを守るも、敵、我と戦うを得ざるは、その行くところにそむけばなり。　（孫子）

＊諸侯《しょこう》自らの地に戦うものを散地となす。人の地に入れども深からざるものを軽《けい》地《ち》となす。我得れば利あり、彼得るもまた利あるを争地《そうち》となす。我も行くべ

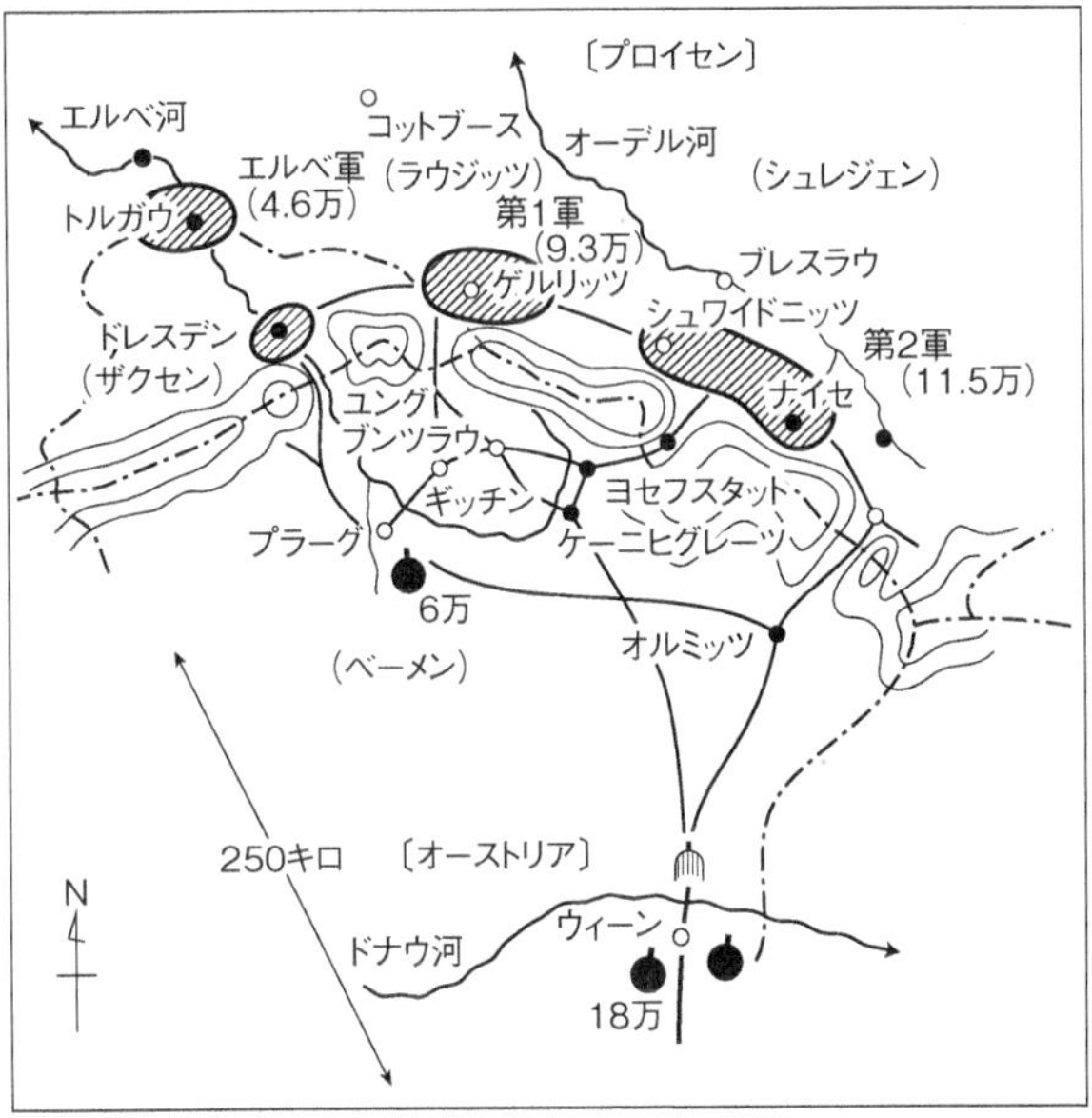

第27図　プロイセン軍の集中配置

く、彼も来るべきものを交《こう》地《ち》となす。諸侯の地三属《さんぞく》し、まず到れば天下の衆を得るを衢地《くち》となす。城邑《ゆう》を背《うしろ》にすること多きものを重地《ちょうち》となす。

散地には戦うなかれ。軽地にはとどまるなかれ。争地には攻むるなかれ。交地には絶つなかれ、衢地には交《まじわり》を合わせよ。重地には掠《かす》めよ。（孫子九地《きゅうち》篇『兵書研究』参照）

殲滅《せんめつ》戦を企図する者は、これに必要な条件を具備する会戦地を自主的に選定することが大切である。

普墺戦争（一八六六年）において外線作戦を企図したモルトケは、エルツ・リーゼン両山脈の彼方《かなた》、ベーメン平地に会戦地を選定し（本書第25図〈一二九ページ〉、『名将の演出』九三ページ参照）、日露戦争初期におけるわが大本営は、会戦地を遼《りょう》陽《よう》付近に選定し（本書第26図〈一三〇ページ〉、『戦略と謀略』一五八ページ参照）、それぞれ外線に立って、各軍の集中的前進を指導した。

これらの会戦地はいずれも、分離して前進する諸軍の集結と協同が容易であり、しかも内線軍の作戦枢軸に近い所である。内線作戦軍は、わが作戦枢軸を掩《えん》護《ご》しつつ、外線に分離している敵の各個撃破に努めねばならない。

普墺戦争において内線に立ったオーストリア軍はシュレジェン方面に対し、その背後連絡線を掩護しつつ、敵軍の山地進出に乗じて、これを各個に撃破するため、速やかにエルベ河上流地方の右岸地域に進出しなければならなかった（本書第27図〈一三一ページ〉参照）。

42 主決戦方面は主として戦略上の考慮すなわち彼我の戦略態勢とくに背後連絡線の関係・会戦地一般の地形とくに大兵団の運用と補給の便《べん》否《ぴ》・敵兵団の素質・要《よう》塞《さい》の有無その位置などのほか、必要に応じ、政略関係をも考慮して、これを決定する。

外線作戦軍においては、その先制主動権と優勢とを発揮し、包囲を完成して最大の成果を獲得できるように主決戦方面を選定し、内線作戦軍にありては、速やかに決戦を求めうる方面または最も重要にして危険なる方面に、まず主決戦を指向する。

最大の戦果を獲得できるような方面に主決戦を求めようとするときは、わが軍も最も危険であり、補給にも困難することが多い。敵の後方連絡線を遮断しようとすれば、わが後方連絡も危険となるのが当然であり、これらは予め覚悟していなくてはならない。なお、大軍の主決戦場は、不確実なる条件のもとに決定しなければならないのが普通である。

＊　攻撃の重点は、状況とくに地形を判断し、敵の弱点もしくは苦痛とする方面に指向す。
（作戦要務令）

■内線作戦軍が決戦を求めやすい敵をまず攻撃した例
一、一九一四年、ドイツ軍はまずフランス軍に決戦を求めた（『名将の演出』一一

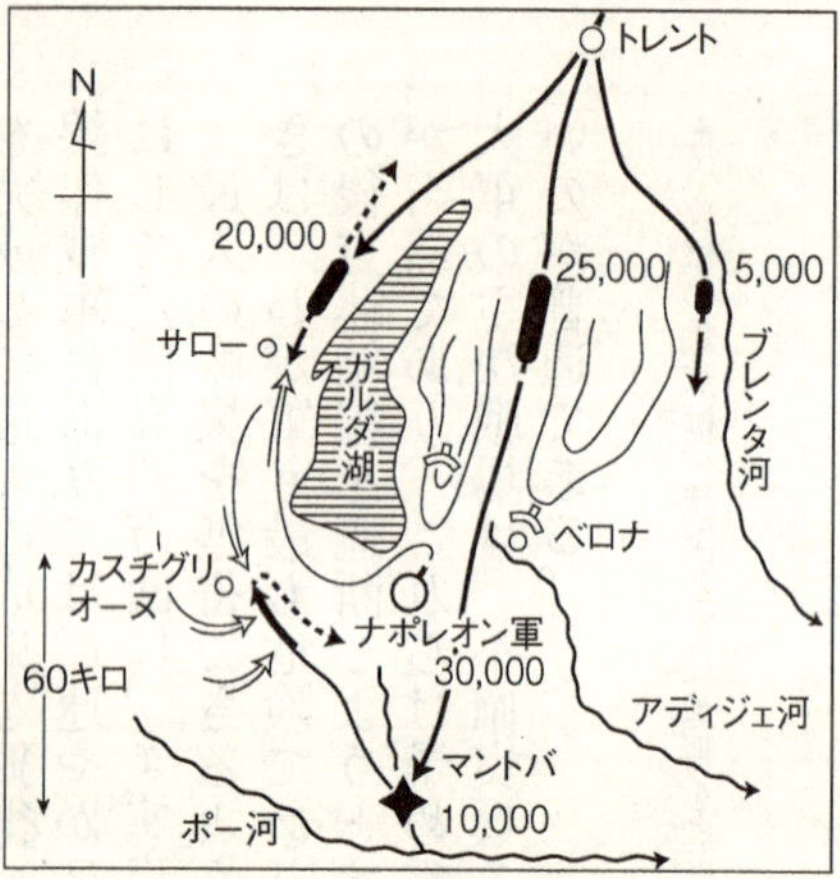

第28図　ガルダ湖畔の各個撃破

四ページ参照）。

二、一九一四年、ドイツ第八軍はまずレンネンカンプ軍を攻めた（『名将の演出』一六二ページ参照）。

■内線作戦軍が最も重要で危険な敵をまず攻撃した例

一、織田信長は、一五六〇年五月、今川軍を奇襲した（『状況判断』二七ページ参照）。

二、一五八四年の小牧・長久手合戦においては、徳川家康はまず池田勝入部隊を攻めた（『名将の演出』六一ページ参照）。

三、一七九六年、ガルダ湖《こ》畔《はん》の内線作戦において、ナポレオンは、フランスの退路に迫ろうとする湖西の敵をまず、撃破した（第28図および付録第二参照）。

43

大軍の決戦時期の選定は統帥上重大なる問題で、政戦両略の要求に鑑《かんが》み、かつ戦術上の要件をも考量してこれを決定する。

内外一般の状況・会戦の準備および会戦初期の機動に要する時日の長短・敵情・季節などは、大軍の決戦時期決定のための重要な条件である。

鑑み――照らし合わせて考える　考量――考えはかる

普墺戦争（一八六六年）におけるプロイセン軍は、フランス軍と南ドイツ諸邦《しょほう》が敵側に参戦しない前に勝を決するため、速戦即決《そくせんそっけつ》主義により軍の集中と会戦指導を行って、成功した。

第一次世界大戦当初（一九一四年）のロシア軍は、ドイツ軍に圧迫された英仏軍から速やかに策応することを強く求められ、準備不十分のまま、早急な決戦を焦《あせ》って失敗した。

日露戦争当初（一九〇四年）の日本軍は、集中速度が敵に優越する戦略的優位を利用し、敵が優勢にならないうちに、速やかに決戦を求め、成功した。

第一次世界大戦当初、内線作戦をとったドイツ軍は「六週間以内にフランス軍を撃破する」という企図が達成できなくて失敗した。

一八一三年、ナポレオンはブリュッヘル軍に対する決戦の機を失し、内線作戦に失敗した（『名将の演出』八七ページ参照）。

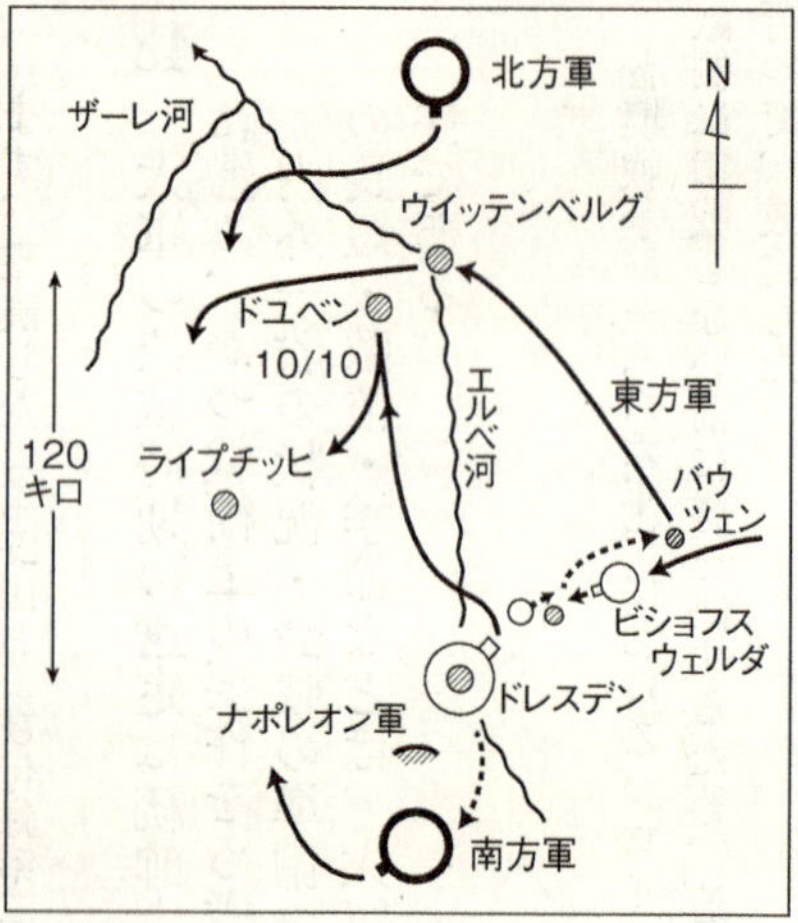

第29図　ナポレオンを空撃させて追いつめる

日露戦争における一九〇四年の遼陽会戦において、日本軍は七月十五日に各方面の軍を遼陽平地に進出させて、決戦する計画であったが、各軍の前進と弾薬の補給がおくれたために、八月十八日頃に延期し、さらに豪《ごう》雨のため、八月二十八日に再延期した。

一五七五年の長篠合戦において、長篠城を囲まれた徳川家康は、急を織田信長に訴えて、出陣を強請したが、信長は「拒馬柵《きょばさく》と鉄砲の集団使用」による新戦法の工夫と準備が完了するまでは、決戦に出ようとはしなかった（『続・名将の演出』六六ページ参照）。

一五八三年の賤ヶ岳合戦において、北国の雪どけを待っていた柴田勝家は、柳ヶ瀬の隘路口《あいろ》を固めて決戦を避けていたが、副将佐久間盛政の失策により、羽柴秀吉に決戦を強要されて、敗れた（『状況判断』一五九ページ参照）。

44

非主決戦方面の兵団の行動は頗《すこぶ》る困難であり、しかも甚《はなは》だ重大である。会戦の運命がこの方面の戦況に左右されることが少なくないからである。内線作戦においてとくにそうである。

寡少《かしょう》の兵力をもって、巧妙適切なる虚実正奇《きょじつせいき》の作戦を実施し、よく全局の勝利に貢献することのできるのは、優秀なる将帥と精鋭なる軍隊でなくてはできないことで、非主決戦方面に充当する兵力・任務・その作戦指導に関しては周到に考えなくてはならない。

虚実の作戦―虚は戦力を使わないこと、実は戦力を使うこと。また敵に用意のない所とある所　正奇―正攻法と奇法　周到―いきとどいて、手落ちがない

第一次世界大戦初期（一九一四年）におけるモルトケ（ドイツ）・コンラード（オ

ーストリア）・ジョッフル（フランス）・ニコライ（ロシア）などの統帥の失敗は、非主決戦方面に充当した軍の任務・兵力・これに対する統帥の適切でなかったことが、有力な原因をなしている。

非主決戦方面に対する統帥は、孤独感《こどく》に陥りがちな部下に対し、非常な苦難を強《し》いるものであるから、とくに人間関係の調整が難しく、失敗しやすいのである（『名将の演出』第4～7部参照）。

45

将帥は適切なる方策と周到なる準備とをもって、会戦の初動の時期より有利なる態勢を占め、主動的にその方策の遂行に努力する。

しかし、会戦の進行にともない、各種の動機により、戦況は必ずしも予期の如《ごと》く進展せず、また意外な事変が突発し、多くの錯誤が頻発《ひんぱつ》して、正当なる方策も時には反対の結果を生み、精確なる打算も誤算となることが少なくない。

さらに、会戦場裡《じょうり》の各所の現象は混沌《こんとん》として、場所的に千差万別、時間的に変転きわまりなく、真疑不明の情報は蝟集《いしゅう》し、悲喜こもごもの千波万波《せんぱばんぱ》、重畳交錯《ちょうじょうこうさく》して、戦いの真相は容易に捕捉できるものではない。

将帥は適時適切なる決心をもって、既定の方策を至当に修正または変更し、戦機に投ずるとともに、方策の根本目的を逸しないことが緊要《きんよう》であり、これがためには将帥および幕僚の卓越した機眼と確固たる信念を必要とし、さらに上級司令部の統帥を適正にすることに貢献しようとする、各兵団の熱意と努力とが大切である。

混沌―物事の区別が明らかでない　蝟集―多くのものが一ヶ所に群がり集まること。蝟は「はりねずみ」　重畳―幾重《いくえ》にも重なること　機眼―戦いの好機を看破し活用する能力

＊戦争では、予想外の事の現われることが多い。情報が不確実なうえ、偶然が多く働くからである。洞察力《どうさつ》と決断とが必要である。（クラウゼウィッツ）

＊情報が多ければ判断が楽だ、というものではない。心配の種を増すだけのものもある。（クラウゼウィッツ）

＊危ない！　という情報はたいてい虚偽《きょぎ》または誇大《こだい》である。人間は悪いことの方を信じやすく、それも誇大に受け取りやすい。（クラウゼウィッツ）

＊戦場情報の大部は虚報である。そして恐怖感はますますこれを助長《じょちょう》する。（クラウゼウィッツ）

＊虚報は波の如し。高まるかと思えば急に崩《くず》れ、何の原因もないのに、また高まってく

る。（クラウゼウィッツ）

＊　事の真相を正しく見ることは極めて困難である。事は予想どおり正しく現われているのに、全然予想が外れたように見えることが多い。目の前の幻影《げんえい》を取り去って、真相をつかむことが大切である。（クラウゼウィッツ）

＊　計画と実行の間には大きな隙間《すきま》がある。計画の立案者でも、これに当面すると不安をもちやすい。他人の言に左右されやすい者は特にそうである。（クラウゼウィッツ）

＊　予期しない事実に当面したとき、これを処理しうる能力が沈着《ちんちゃく》である。このときの理性のとっさの働きは普通でよい（こんなとき普通に行動できれば、それで英雄である）。沈着の度は、心が平静に戻るまでの時間によってはかる（素直に驚《おどろ》き、素早く立ち直ればよい）。（クラウゼウィッツ）

＊　戦争においては、予見や広く見ることは不可能である。各人は、目前の暗黒中の一時的光明に照らし出される範囲内の情景によって、活動の方針を定められなくてはならない。

＊　戦略的には五里霧中《ごりむちゅう》の状況の中でも、ともかく戦術的利点だけでも押えこめば、敵状も、敵の出方も明瞭《めいりょう》になり、次に打つべき手段も生まれてくる。

46　大兵団の会戦実行は、その形は分散の態勢をとることもあるが、決戦にさいしてはその全勢力を一目標に向かい集中発揮しなくては

ならない。
この形態の分散と努力の集中とを至当に調和連繋させ、所望《しょもう》の時機・所望の場所に必要なる作戦威力を指向することこそ、実に機動の主眼であり、戦略の重要任務である。会戦の勝敗は実にこの戦略の適否に関することが大きい。

機動――一般に交戦前後および交戦間における軍隊の戦略戦術上の諸運動をいい、とくに戦場における機動とは、各級指揮官がその戦闘目的達成のために行う兵力の移動をいう　主眼――狙い

会戦の勝敗は主として戦略によって決する。戦略の主とするところは「兵団の分散集中を戦機に適応させ、その行動の目的と方向とを適切にすること」にある。

＊　砲声《ほうせい》に赴《おもむ》く。

＊　戦略的に拙劣《せつれつ》なる行動は、優秀なる戦術がこれをカバーした場合のほか、必ず敗戦に終わる。（フランス軍総司令官フォッシュ）

＊　戦術的勝利は、戦略的勝利に優先する（全般的な態勢が悪くても、決勝点で勝てばよい。戦略的に勝っても、戦術的に勝たねば、どうにもならない）。（ナポレオン）

47

諸兵団の努力を一目標に向かって集中発揮し、偉大なる会戦の成果を獲得するためには、とくに兵団に与える作戦方向に対し、慎重《しんちょう》なる考慮と深厚なる考察を払うとともに、戦機を捕捉して、適切にこれを操縦しなくてはならない。

各兵団は特別な事情が発生しないかぎり、与えられた作戦方向を保持する義務がある。

作戦方向――作戦目的達成のために戦力を指向する方向　深厚――気持ちや言葉の意味などが深く厚いこと

＊　最高司令官は軍司令官に対し、十分遠隔《えんかく》した目標に対し、軍の攻撃の軸心《じくしん》となる一般攻撃方向を指示する。軍司令官はたえずこの方向を保持するとともに、これに必要な事項を付加して、軍団に命令する（軍は数軍団などよりなる）。機動実施間、所命《しょめい》の運動軸外に出る軍団があるときには、軍司令官は漸次《ぜんじ》これを運動軸方向に招致し、あるいは軍全般が命ぜられたる方向を保持するように手段を講ずる。　（フランス軍統帥綱領）

＊　マルヌ会戦において、ドイツ第一軍司令官クルックが、命ぜられたる作戦方向を重視しないで、その選定に関し頗る自由な観念をもっていたことが、大いに英仏軍を有利にした。

（フランス参謀総長デプネ、『名将の演出』一二九・一三六ページ参照）

＊　統帥とは、方向を示して、後方を準備することである。（統帥参考）

48

会戦場裡においては彼我の過失錯誤が重畳交錯《ちょうじょうこうさく》し、その波乱曲折は頗る多岐《たき》複雑であり、怒濤《どとう》の相撃《あいう》つようである。すなわち突破したものは包囲され、包囲したものは突破されたり反対包囲をされ、危機はかえって好機の因をなし、好運はかえって悲運の端緒《たんちょ》となることがあるのは、戦場の常態である。

この混沌たる間に立ち、沈毅《ちんき》冷静で心理の平衡を失わず、確固たる自信をもって波乱を制し、透徹《とうてつ》したる明識をもって光明を発見し、断固として兵団行動の統一と努力の集中とを図り、所信に邁進《まいしん》する者だけが戦場の覇者《はしゃ》となることができる。

交錯―入りまじる　多岐―物事が多方面にわかれている　端緒―いとぐち、手がかり　沈毅―落ちついていて強い　波乱―物事に変化起伏がある　制す―支配する。おさえとめる。負けない　透徹―すきとおる。はっきりして、すじみちが通っている　明識―物事の道理をはっきり見分ける心の作用　覇者―武力で天下を征服し治める者。勝者

＊　多くの会戦は「敗れたり！」と自ら過早に信ずる者の敗北に帰している。（コンラード）

＊　我、敗れるか？　と感ずるときは、敵もまた、敗れるか？　と思っているときである。夜が明けてみたら、両軍ともに敗れたと思い、退却していることが少なくない。

＊　戦闘の勝敗まさにわかれんとするや、戦勢混沌として戦闘惨烈《さんれつ》をきわむべし。指揮官は、敵もまた我と同一もしくはそれ以上の苦境にあるべきを思い、必勝の信念のもとに、堅確《けんかく》なる意志をもって、当初の企図を遂行すべし。（作戦要務令）

■プロイシュ・アイラウ会戦のナポレオン

一八〇七年二月八日、ナポレオンは、ベニングセンの指揮するロシア軍を東プロイセンのプロイシュ・アイラウに追いつめたが、その攻撃は失敗し、逆にロシア軍の精鋭コサック騎兵の猛烈な襲撃を受け、当時の戦記が「皇帝危《あや》うく、左右色を失う」と興奮したほどのピンチに陥り、さしものナポレオンも「私もついに敗れたか……」と観念した（第30図）。

ところが、その夜ロシア軍は退却したのである。もちろん「戦況利あらず」と状況判断した結果であるが（フランス軍のネー軍団に側背《そくはい》を突かれることを恐れすぎたらしい）、ナポレオンにはこれが信じられなかった。彼は翌日も一日中呆然《ぼうぜん》として動かなかった。ロシア兵がすっかり戦場から姿を消してしまっているにもかかわらず、彼が「それでは私が勝ったのか……」と納得したのは、その夕方であった。

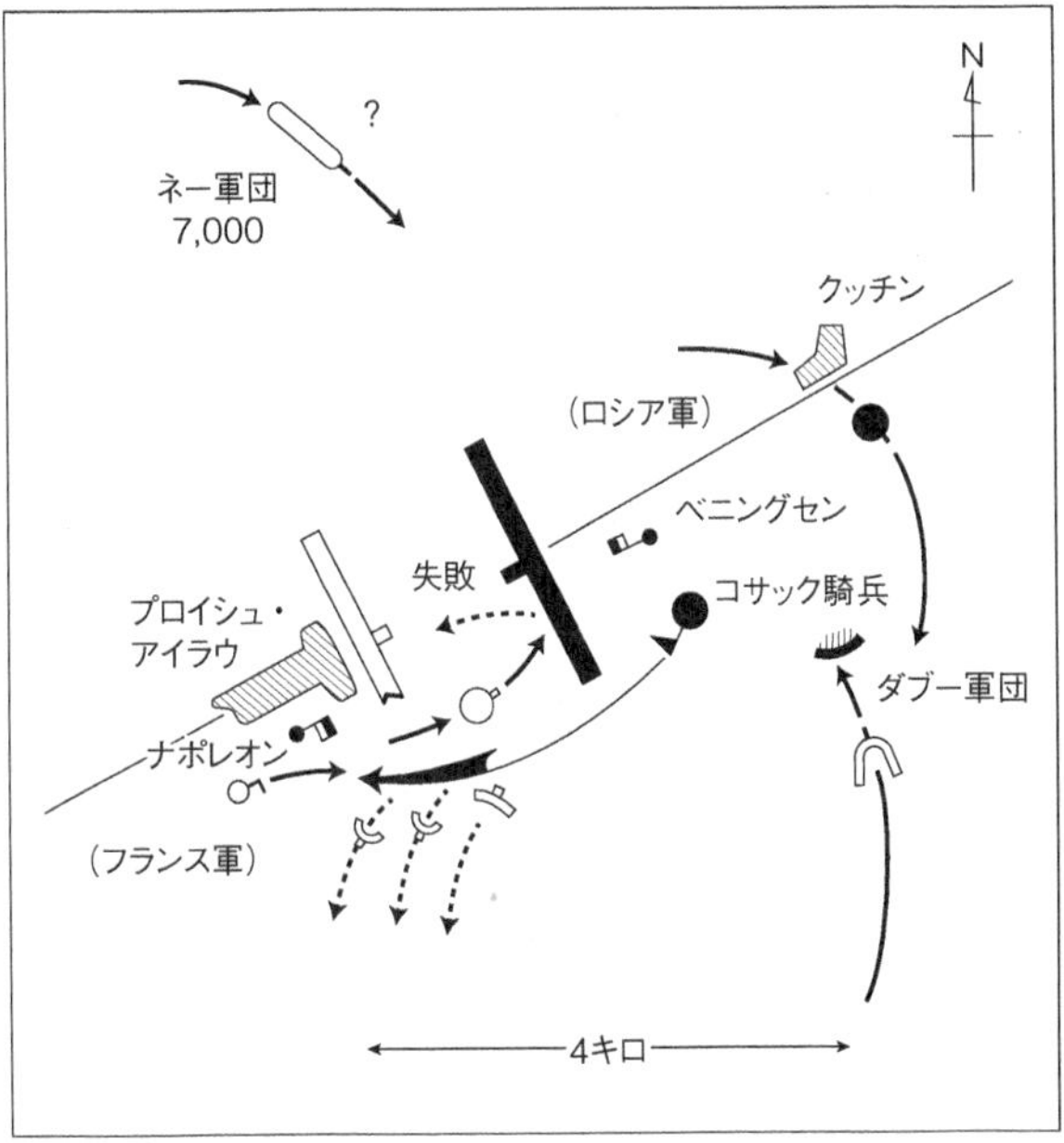

第30図　プロイシュ・アイラウの戦（1807年２月８日）

■ワーテルロー会戦のウェリントン

一八一五年六月十八日のワーテルロー会戦は、ナポレオンの没落《ぼつらく》を決定的なものにした英普軍（イギリスとプロイセンの連合軍）の勝ち戦であるが、イギリス軍は終日苦戦の連続であった。

四回におよぶフランス軍の突撃により惨憺《さんたん》たる損害を受け、英将ウェリントンもついに「ブリュッヘルか、夜

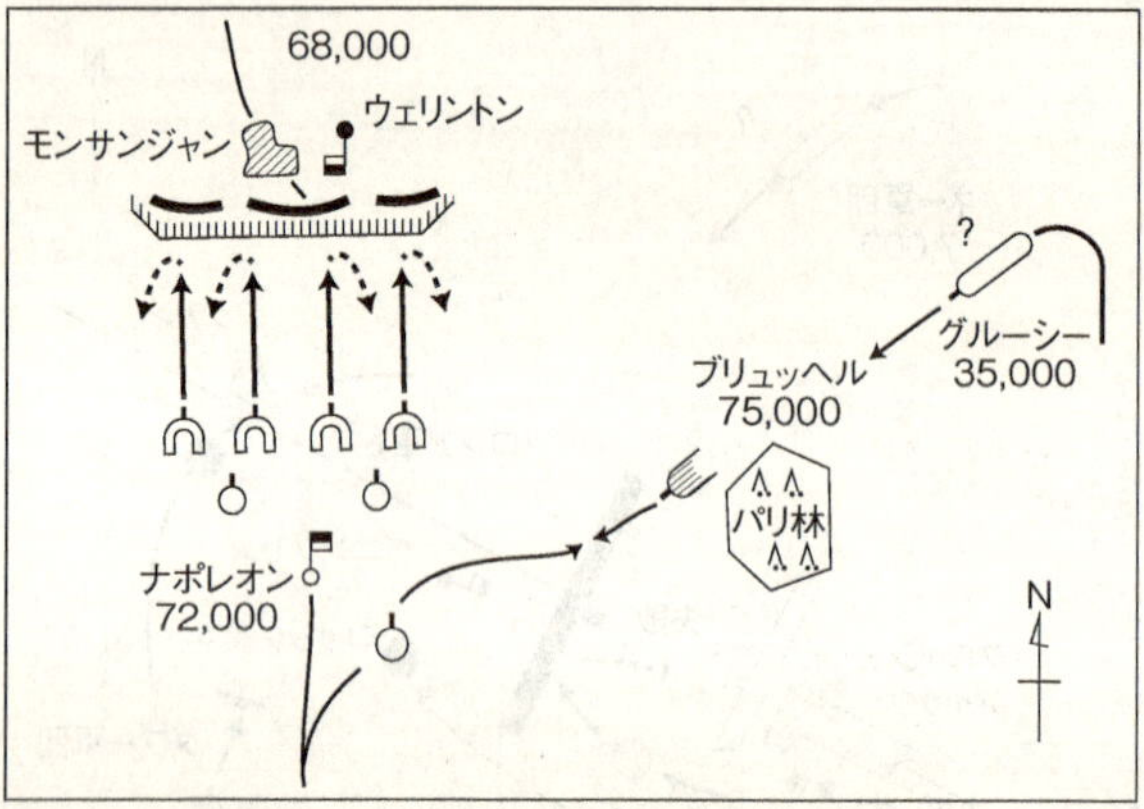

第31図　ワーテルロー戦（1815年6月18日）

か、死か！」と悲鳴をあげたほどである（第31図）。

ブリュッヘルとは、救援を待ちこがれていたプロイセン軍の司令官であり、夜とは「夜暗《やあん》にまぎれて退却したい」ということである。

なお、この両会戦におけるフランス軍の態勢はよく似ている。そしてプロイシュ・アイラウにおいては、ナポレオンは「敗けた……」と観念しながらも、戦場にとどまっていることができたが、ワーテルローではそれができなかった。

大勝といい、大敗といっても、ただそれだけの違いだったのである。

■日露戦争における遼陽会戦

八月三十日夜、わが黒木第一軍は太子《たいし》

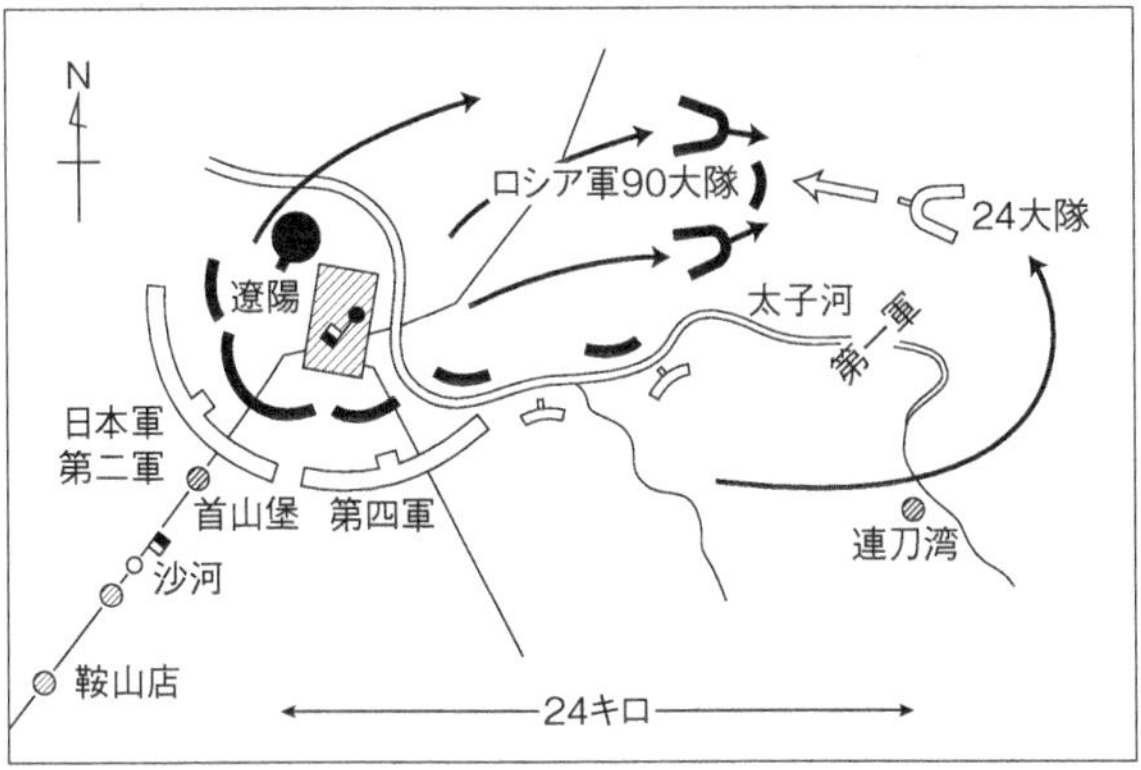

第32図　遼陽会戦

河《が》を渡って、東方よりロシア軍の側背を突いた。これはクロパトキン総司令官の最も怖れていたことだったので、八月三十一日、彼は正面を遼陽南側の既設《きせつ》陣地までさげて戦線を縮小し、できるだけ多くの兵力を抜き出して、黒木軍に向かって反攻に出た。

九月一～三日の間、四倍の敵に猛攻された第一軍は多大の損害を受け、攻撃が挫折《ざせつ》して進退きわまり、さしもの黒木軍司令官も手の打ちようがなくて、ふて寝をきめこんだほどであるが、この絶好のチャンスに、クロパトキン総司令官は退却を命令した。

これにはもちろん日本軍も驚いたが、それよりもロシア軍の前線部隊があっけにとられた。クロパトキンは秀才で、鋭敏な頭脳をもっていた。それだけに情報に対する反応が過敏で、しかも自分に不利なように幻想する傾向があったのである（『戦略と謀略』一六四ページ参照）。

■マルヌ会戦

一九一四年九月のマルヌ会戦において、ドイツ大本営は「攻勢続行不可能」と判断していたが、戦場の実際はそうではなかった。第一線の各軍司令官は極力攻撃を続行し、いま一息《ひといき》で獲得できる戦勝に向かい突進していたのである。

それにもかかわらず参謀総長モルトケ（大モルトケの甥《おい》）は「第一、第二軍の戦線を整理するために、これを後退させる」という消極的観念を起こし、結局第三・第四・第五軍までも退却させることになって、英仏軍に勝利を与え、第一次世界大戦の勝を決したであろうほどの絶好絶大のチャンスを逸してしまった。

一方、フランス政府は「フランス軍はフランスを放棄して、スイス方面に敗走するであろう」と判断しており、戦線でもジョッフル総司令官は、ガリエニ第六軍司令官の反攻進言をいれるのを渋《しぶ》り、イギリス軍はすでに退却命令を出していたのである（『名将の演出』一二八ページ参照）。

＊　フランス軍の戦略的環境は、大敗した国境会戦時（8月14～25日）と大勝したマルヌ会戦時（9月5～10日）とにおいて、大差はなかった。（フランス軍総司令官ジョッフル）

＊わが左翼は敗れ、右翼は圧迫され、中央も突破されそうである。反攻の好機である。
（フランス第9軍司令官フォッシュ）

■両軍ともにピンチであり、チャンスであったタンネンベルヒ会戦

タンネンベルヒ会戦は、積極有為《ゆうい》の名将ヒンデンブルグが統率・戦略・戦術というものを絶妙に演出して、消極無策の愚将サムソーノフに完勝した、史上稀《まれ》に見る見事な戦例と聞いてきたが、仔細《しさい》に戦跡をたどってみると、実際は必ずしもそんなものではなく、サムソーノフもよく戦っており、ドイツ軍も危ないことがしばしばであった。当然のこととして、両軍ともに過失と錯誤の連続であり、とくに勝っているのにそれを知らず、両軍ともに負けたと思っていたことも少なくない。

次表は要約したタンネンベルヒ会戦の日程であるが、これを見ると、両軍ともにピンチとチャンスが交錯し、完敗したロシア軍でさえ五度もチャンスに恵《めぐ》まれており、あの気の強いドイツ第八軍参謀長ルーデンドルフも、再度にわたって退却しようと考えていたことがわかる。

凡将のピンチは名将のチャンスであり、名将もつねには名将でありえないことがよくわかる（『名将の演出』二〇七ページ参照）。

■人事

この難戦をついにドイツ軍の勝利としたものは実に人事、すなわち首脳部の人選・そのチームワーク・指揮機関の訓練と準備である。

そのうちでも決定的な影響を与えた要因は、ヒンデンブルグとルーデンドルフの起用《きよう》であるが、彼らとて多くの欠点を持ち、過失をおかしていたことは、次表のとおりである。しかし、彼らは決定的な場面において決断を誤らず、戦闘指導においてもロシア軍に比較して、非常に遊兵《ゆうへい》が少なかった。

ヒンデンブルグとルーデンドルフが多くの欠点と過失をもっていたにもかかわらず、戦史がこれを無視し、名将帥・名参謀と賞讃《しょうさん》してやまないのは、八月二十三日における彼らの「ピンチをチャンスと見直した」決心を貴重とすることによる。

タンネンベルヒ会戦メモ

日	ドイツ軍	ロシア軍	摘要
21	トップは退却を考える(ピンチ)。	1Aスタッフは退却を進言(実はチャンス)。	グンビンネン会戦。
22	トップ更迭。	1A動かず。2A侵入。	
23	新トップ到着。20C後退し、弓なりになってこらえる。	2Aオルラウ攻撃。方向に迷う。	旧トップのピンチは新トップのチャンス。
24	東部集団転用の決断。	1A・2A戦機を逸す(チャンスであった)。	タンネンベルヒ北方のドイツ軍は一時恐慌状態に陥る。8A勝利の布石に成功。
25	左翼ホーヘンスタイン放棄(ピンチ)。右翼の速攻を焦る。	2A前進停止を考え、戦機を逸す(実はチャンスであった)。	終日戦闘なく、8Aピンチを脱し態勢をととのえる。両軍ともに戦力欠乏、無理をして出た方が勝ったのであるが……。
26	ゼーベン占領(チャンス)。ルーデンドルフ退却を考える(ピンチ)。夕、6Cを破る(チャンス)。	ホーヘンスタインに進出、アルレンスタインに迫る(チャンス)。しかし再び前進停止を考える。	両軍ともに敵を恐れ、戦況不利と判断し、チャンスを逸す。
27	ウスダウ占領(チャンス)。	ライヘナウ、アルレンスタイン占領(チャンス)。	巴形戦勢、第8A司令官ヒンデンブルグのみ戦勝確信。
28	ホーヘンスタイン、ナイデンブルグ、オルテスブルグ占領。	13Cホーヘンスタインのドイツ軍背後に迫る(チャンス)も消極的。夕退却命令。1A160キロ迫るに。	決戦時には両軍ともにチャンスにありピンチにある。ロシア軍最後のチャンスを逸す。
29	包囲網完成(チャンス)。	2A退路交叉し、大損害を受ける(ピンチ)。	8A勝を決す。ロシア軍絶望にあらず。
30	ルーデンドルフ1Cの後退を考える(ピンチ)。	解囲攻撃をし、一時ナイデンブルグを占領するも不成功(実はチャンスであった)。	ロシア2A消滅。

(注)Aは軍、Cは軍団、軍団が数個集まって軍となる。

四、持久作戦

49 持久作戦とは、戦略的に時日の余裕をうることを目的とする作戦をいう。

持久作戦は多くの場合主作戦に従属し、支作戦方面で実施されるが、時として主作戦場においても、決勝作戦に転移できるようになるまでの間、この種作戦が行われることがある。

持久作戦指導の適否は全局の成敗に影響することが大きい。

＊ 時間の余裕を得んとする場合、敵を牽制抑留《よくりゅう》せんとする場合等においては、通常決戦をさけて、持久戦を行う。持久戦にありては守勢に立つことが多しといえども、攻勢をとるにあらざれば、目的を達成し得ざる場合もまた少なからず。（作戦要務令）

＊ 持久戦のための軍隊の部署および戦闘の指導は目的・持久時日の長短・地形・敵の行動などにより大きな差異があるが、つとめて爾後《じご》における行動の自由を保持し、なお、なるべく決戦に陥らない着意が必要である。これがため、できれば十分な予備隊を控置《こうち》し、なるべく多数の砲兵・重火器（機関銃、歩兵砲など）を巧に使用する。

しかし軍隊は、その受けた任務にもとづいて、攻勢をとる場合には常に断固たる決心をもって攻撃を実行し、守勢に立つ場合には全力をつくして指示せられたる地域もしくは陣地を保持しなくてはならない。（作戦要務令）

決戦をさけ、チャンスの来るのを待つために行う作戦（戦闘）を持久作戦（戦）という。戦いを交えないで持久の目的を達するのが理想であるが、やむをえないときには実力を行使する。その場合には主として防御するが、攻撃することもある。

一三三四年、楠木正成は千早城にたてこもって持久した。しかし、彼はただあの城を固守《こしゅ》したのではない。諸国の勤皇《きんのう》軍の蜂起を促し、それまでの時間を稼いでいたのである。

第一次世界大戦（一九一四～一八年）におけるドイツ軍は、まず西方戦場においては、フランス軍に対し決戦を求め、その間、東方戦場に殺到してきたロシア軍に対しては、ヒンデンブルグの指揮する第八軍をあてて持久させた。ヒンデンブルグは二流の軍十三万を指揮し、五十万のロシア軍を翻弄して、よく持久の任を全《まっと》うしたばかりでなく戦機をとらえて、敵の一部、サムソーノフの指揮する第二軍二十七万を壊滅させている（『名将の演出』一五七ページ参照）。

大東亜戦争の太平洋作戦の初期（一九四一年）に日本軍の痛撃《つうげき》を受けたアメリカ軍は、軍需《ぐんじゅ》生産増強の効果のあがるまでは、全軍をあげて持久作戦をとった。もちろん局部的には攻勢に出たことはあるが、決戦を目的としたものではなかった。

株取引にも決戦と持久がある。「売り、買い、休みを使いわけよ」といわれているのがそれで、株価が大きく動くと見、資金を出して買いに出、株券を投じて売出動するのは決戦である。株価に動きなしと判断して休む、すなわち手仕舞《てじま》って現金化し、あるいは動きは少ないが利回り採算のよい資産株に乗りかえて、次のチャンスを待つのは持久戦である。株式売買は決戦すべきときには決戦し、持久すべきときには持久する、決断と勇気をもたないと成功しない。

経営にも持久作戦がある。とくに景気の波動に弱い中小企業では、よく経済情勢の推移を見極めて、決戦と持久戦とをうまく使いわけ、乗り切っていかねばならない。

持久戦だからといって、消極策に終始してはいけない。社員の志気がおとろえ、ジリ貧をたどり、場合によっては社員の離散《りさん》を招くおそれがある。また、中小企業においては、不景気のときに施設を良くしておかないと、好況が来たとき、その波に乗りおくれる。もちろん大勢にさからい、無謀な決戦に出て、自滅を招いてはいけないが、つねに弾発力《だんぱつ》を保持するとともに、ヒンデンブルグ流の気魄《きはく》をもっていなくてはならない。

また、いろいろな商品を扱っている会社では、各部門がいっせいに好況であるとは限らず、たとえば家電部門では決戦に出、重電部門では持久戦に出なければならないことがある。

持久戦の指導は、次に示すように、本質的にむずかしいものがある。

一、大勢が我に不利だから持久するのである。当然、相手の方が数が多く、装備も優れている。

二、決戦方面にできるだけ多くの力を注ぐのが原則であり、その結果、持久方面は少数の劣等装備の軍隊で我慢し、そのうえ進んで多くの敵を自分の方に引きつけて、決戦方面の味方を戦いやすくしてやらねばならない。

経営においても、会社は決戦部門に社運を賭けるわけであるから、この方面に人材・資金・資材を集中するので、その担当者は責任重大でも、利益があがり、部下に報《むく》いることも容易なので統率は楽であるが、持久部門はそうはいかない。

もともと不利なために持久するのだから、経営はむずかしい。縁《えん》の下の力持ちなので働きばえがないし、利益もあがらない。それに人材・資金・資材の割り当てが少なく、場合によっては現在もっているそれらをさえ引き抜かれる。当然、部下の志気は沈滞《ちんたい》し、統率環境は悪化する。しかも持久正面が崩壊《ほうかい》すれば、決戦正面に累《るい》を及ぼすという重責に悩まされる。

持久作戦の指導は一筋縄《ひとすじなわ》ではいかない。いろいろな制約のもとに全能力を発揮し、宣伝・謀略・秘匿《ひとく》・偽騙《ぎへん》・攻撃・防御・神出《しんしゅつ》鬼没《きぼつ》の機動など、あらゆる手練《てれん》手管《てくだ》を駆使することが必要で、そのむずかしさと労苦は決戦の比ではない。そのため、持久作戦軍の部隊は次等《じとう》でも、司令官と幕僚とくに参謀長には人格・手腕ともに抜群の優秀者をあてる。

持久経営でも指導者の人間性が大きな役割をするので、ある部門にだけ持久策をとらせる場合には人格・手腕にすぐれ、トップに直結する権限をもった副社長級の信望ある人材に担当させないと不覚をとる。時には、赤字覚悟の仕事など、内外の不信を買う仕事を自分の責任において、あえてしなければならないが、これは、幸いにその時には非難されなかったとしても、事態が平常化した後になると問題になりやすく、副社長級の者でないと、これに堪《た》えられないのである。

50 持久作戦は決戦作戦に比《ひ》し、政略との関係が複雑で、これが紛糾《ふんきゅう》を来たすおそれが多く、作戦指導方式は多種多様であり、これに関する戦略は変転極まりないのが普通である。これが持久作戦統帥の困難な根本原因である。

持久作戦には非常な努力と困難があるにもかかわらず、華々《はなばな》しい成果を現わすことができない。そのため、しっかりした指導者のいない民主主義国家では、司令官は国民世論の総攻撃を受けやすく、それどころか、国の指導者そのものにも嫌われ、政治の干渉を受けて、失敗しやすい。

一三三六年五月、「足利尊氏《あしかがたかうじ》が、遁走中の九州より大挙して京都に向かって進撃を開始した」との急報に接し、楠木正成は奇策を用いる持久作戦を進言したが、京都放棄の労《ろう》をいとう政治の干渉にあって実行できず、ついに湊川《みなとがわ》合戦で玉砕《ぎょくさい》し、朝廷は降伏するという、最悪の事態を招来した（『続・名将の演出』一一九ページ参照）。

日露戦争におけるロシア軍司令官クロパトキンは、「本国よりの軍隊の輸送により、日本軍に対し優勢となるのを待って決戦する」という方針のもとに、遼陽や奉天で戦いつつ後退するという持久作戦をとった。これは戦理上、一応至当な考えであったが、世界の世論は「ロシア軍の連戦連敗」と見、ロシア政府の首脳者もこれを理解しきれず、国の崩壊に直結する恐れがあると心配して、クロパトキンの職を免《めん》じてしまった。

第一次世界大戦に対するドイツの作戦計画は「西方戦場に決戦を求め、その間東方戦場では持久作戦をとり、ロシアの大軍の進攻を受けた場合には、やむをえなければワイクセル河以東の東プロイセンを放棄するのもやむをえない」というシュリーフェン・プランによったものであるが、いざ開戦となって、この方面の第八軍司令官プリットウィッツがワイクセル西岸に退却しようとすると、問題が起きた。

一、東プロイセンはドイツ帝国発祥《はっしょう》の地であり、これを敵手《てきしゅ》に渡すことはできない。

二、東プロイセンには皇帝はじめ国の有力者の領地があった。

三、第八軍の将兵は東プロイセン出身者が多く、故郷と家族と財産などを敵手に委するに忍びなかった。

などのため、ドイツ参謀本部は政治の圧力と国民世論の抵抗と将兵の哀訴《あいそ》によって、東プロイセンからの撤退による持久作戦を遂行することができず、軍司令官を更迭した（『名将の演出』一六八ページ参照）。

一九一四年夏、挙国《きょこく》一致、熱狂して第一次世界大戦の開戦を迎えたドイツ国民も、作戦が持久に陥ると、政府と統帥部（参謀本部）の関係が悪化し、議会においても「ドイツは何のために戦うのか！」などという議論が起こり、敵前において同胞が相争《あいあらそ》うという醜態を呈《てい》した。「そんなことなら開戦しなければよいのに……」といいたくなるが、これが人間というものであろう。

持久作戦の統帥は「無法則《むほうそく》主義の統帥」といわれるように、一定の方式手段がなく、一《いつ》に状況に応ずる戦略戦術を適用しなければならない。

持久作戦の戦略は柔軟変通《へんつう》（その場の状況に応じて、自由自在に変化し、適応していく）きわまりないことが必要で、尋常一様な作戦指導では、統帥の危機を生じやすい。これに任ずる将帥には卓越した能力を有し、とくに内外上下に信頼のある人物をあて、兵団の部署、とくに戦略正面と戦略縦長の関係等も極端に変化させ、多種多様になしうるようにすることが必要である。

持久作戦に任ずる将帥はできるだけ全般の状況、将来の企図などを上司と部下に説明し、不信と不安を起こさせないように配慮することが必要である。

■持久の条件

現代の君主や共和国の支配者の多くが出征将軍に対し「戦わねばならなくなっても白兵戦《はくへい》（決戦）だけはつつしめ」などと言っているが、これは軍事を知らない者のたわ言としかいいようがない。確かな成功の条件をつかむことなく決戦を避けていると、国土を荒されるばかりでなく、軍隊が消滅し、国は自滅してしまう危険があり、また、敵が決戦の意図を持っているかぎり、結局、これを避けられるものではない。

持久作戦は、軍隊が精鋭で敵軍が攻撃をためらうか、敵軍が物資欠乏のため永く戦場にとどまれないかなどの、戦理上有利な条件が確実にある場合のほか、取るべきものではない（『マキャベリズム経営学』二三七ページ参照）。

51 持久作戦の成否は、決戦作戦の成敗に極めて重大な関係を持っているので、全局の作戦指導に任ずる指揮官は持久作戦方面の決定・充当する作戦軍の兵力編組《へんそ》とくにその主将および幕僚長の選定・これに与える任務・決戦作戦との関連指導などに関し、深く考慮しなくてはならない（『名将の演出』一六八ページ参照）。
最高指揮官は全般の政略ならびに戦略上の情勢の推移に応じ、従来の持久作戦方面を決戦作戦地に転換すべき好機《こうき》を逸しないようにする責任がある。決戦作戦方面が決勝の目的を達成することが困難となった場合において、とくに明察《めいさつ》と決断を必要とする。

タンネンベルヒ会戦の成功は、レンネンカンプ軍に対する持久作戦の成功がなかったら望めなかった（『名将の演出』一七七ページ参照）。
「一九一四年、マルヌとエーヌを失い、東方戦場でタンネンベルヒの大勝を博したとき、ドイツ軍は主決戦場を東方に変更すべきではなかったか」という説がある。事実、このことは全戦役を通じ、ドイツ最高統帥にとって最大の課題であり、東方大軍司令官ヒンデンブルグとオーストリア軍総参謀長コンラードは強くこれを進言したが、ドイツ参謀総長ファルケンハインに決断なく、ついに陸上における決戦を断念しなければならなくなった（『名将の演出』一三一ページ参照）。

52

決戦作戦に関連して持久作戦に任ずる兵団は、極めて優勢なる敵に対抗し、決戦作戦軍の企図と行動などに従属しつつ、巧妙な作戦を必要とする場合多く、しかもよくその作戦能力を保持し、戦機に応じて適時適切なる行動に出て、全局の作戦を有利にしなければならない。したがって、この種作戦の統帥は頗《すこぶ》る困難で、とくに優秀な指揮官と幕僚とを必要とするほか、その作戦軍には捜索《そうさく》連絡を確実にし、機動能力を増大し、さらに戦力を保持培養《ばいよう》するに必要な部隊や機関を付けることが大切である。

持久作戦のために優秀素質、優良装備の精鋭兵団を使用することは許されない場合が多い。しかし持久作戦遂行の中核《ちゅうかく》となる兵団だけは、でき得るかぎり精鋭兵団を充当するように努める必要がある。

日露戦争におけるロシア軍の敗戦は、初期におけるザスリッチ（鴨緑江方面の東部支隊《したい》司令官）、シタケリベルグ（大石橋《たいせききょう》方面の南部支隊司令官）らの諸将の持久作戦が適切でなかったことと、クロパトキン総司令官に決断が欠けていたためである（『戦略と謀略』一六〇ページ参照）。

第一次世界大戦間、持久作戦方面のトルコ軍やオーストリア軍が意外に粘《ねば》り強い戦力を発揮したのは、一部のドイツ軍が核心《かくしん》として入っていたからである。

53

持久作戦の実行に任ずる指揮官は、旺盛《おうせい》なる責任観念と犠牲《ぎせい》的精神とをもって、縦横《じゅうおう》の機《き》略《りゃく》をつくし、虚実正奇《きょじつせいき》の妙用《みょうよう》を発揮して、敵軍戦力の消耗につとめ、我はとくに兵力の経済的使用に徹底して、戦力の消耗をさけねばならない。そのため、攻守進退の按配《あんばい》、地形築城《ちくじょう》の利用を適切に行い、さらに策源《さくげん》および友軍との連絡を確保することにつとめねばならない。

持久作戦においては、軍隊の士気を消磨《しょうま》しやすいから、各級指揮官は士気を高めるため、あらゆる機会と手段とを利用することが、とくに必要である。

旺盛──非常に盛んな　縦横──自由自在　機略──はかりごと　虚実──空虚《くうきょ》と充実。相手の用意のある所とない所　正奇―正法と奇法《きほう》　攻守進退―攻撃・防御・前進・後退　按配―ほどよく並べる　築城―防御工事をする　策源―作戦軍が、その背後にもつ活動と生存のための根拠地

持久作戦には機略を必要とし、欺騙《きへん》（あざむきだます。かたり）奇法が重要であり、楠木正成はこれを模範《もはん》的にやってのけた。持久作戦においては、わが軍の戦力の消耗を戒《いまし》めるとともに、敵軍の戦力を消耗させて、戦勢の転換を図ることが大切である。フリードリッヒ大王の消耗戦略、ドイツ参謀総長ファルケンハインのベルダン攻撃戦法などは、これを目的としたものである。

54

持久作戦においては、その性質上遅滞《ちたい》・防勢《ぼうせい》・退避《たいひ》・攻勢《こうせい》などのあらゆる作戦を実施するが、攻勢はつねにこれを尊重しなくてはならない。兵団が大きくなるに従って、このことはとくに必要である。

持久作戦の統帥に任ずるものはつねに積極・主動の精神を発揮し、攻勢の機会を逸しないようにする着意が必要である。しかし過早軽挙《けいきょ》の決戦を交えて戦力を消耗し、作戦の自由を失うようなこと

があってはならない。

遅滞―敵の前進をおくらせる　退避―退いて敵の攻撃を避ける

持久作戦においては、状況の変化に応じて、諸種《しょしゅ》の作戦方式を機に投じて活用しなければならない。そのため、この作戦をとる兵団はとくに作戦の自由を保有することが必要であるが、大兵団が作戦の自由を確保するには、攻勢をとることが必要なのである。

第一次世界大戦開戦時のオーストリア・ハンガリー帝国軍の任務は、ドイツ軍主力が西方戦場で決戦を求めている間、ロシア軍の攻勢に対し、その背後を掩護《えんご》する持久であった。しかしオーストリア・ハンガリー帝国軍は多くの民族よりなっていて（前へ進め！　の号令をかけるのに七ヶ国語をくりかえさねばならなかったという）守勢をとっていては衆心《しゅうしん》が離散する恐れがあったので、攻勢をとった。

55

持久作戦の指導においては、その任務・彼我一般の状況とくに敵情および決戦作戦との関係に照らし、持久すべき時日と利用できる地域ならびに地勢をよく考察して、最後の陣地すなわち「腹《はら》切《き》り場《ば》」を定め、これを基準として、その前方における作戦指導要領《ようりょう》を策定する。この際、できれば攻勢をもってその目的の達成をはかるのがよいが、逐次《ちくじ》の防戦と退避との併合《へいごう》作戦もしくは一地域における抗戦《こうせん》によって、持久しなければならないことがある。

大規模な退却守勢は、堅確なる意志をもつ将帥・精錬な軍隊・強固な政府・政府と軍隊を信頼する国民が揃《そろ》っていなくては実行困難で、ややもすると作戦の指導は背後の大勢《たいせい》に左右されてその節度《せつど》を失い、不徹底無方針に堕《だ》しやすいのが普通である。民衆政治の発達、社会および経済の複雑化・思潮《しちょう》の変化にともない、ますますそうなる。

「腹切り場」すなわちそれ以上は絶対に後退しない陣地を決めないで地域抗戦（一つの陣地を固守するのではなく、ある地域内を移動しつつ戦って、持久をはかる）をすると、ずるずると押し切られてしまう。

■毛沢東の持久戦略

毛沢東《もうたくとう》の提唱したところは、強大なる敵国軍の進攻に対しては、決戦をさけ、地域を利用して大きく後退しながら、反攻の機をつかもうとするにあり、戦略的退却と戦略的反攻とよりなる。

戦略的退却――劣勢な軍隊が優勢な軍隊の進攻を受けたとき、勝つ見込みのない場合は戦略的退却をする。これはわが戦力を温存《おんぞん》し、敵を破る機会を待つためにとる計画的、戦略的な段取《だんど》りである。

戦略的反攻――わが軍に有利で、敵軍に不利な情勢を作り出したら、断固として攻勢に出る。たとえば、敵を分散させ、孤立して弱点を暴露《ばくろ》している敵の一部に対し、わが主力を集中して強撃し、その効果を敵全軍に伝播《でんぱ》させて、全局の勝利に導く。この際、敵の策源地、主要都市などに対してゲリラ攻撃を加え、これに策応させる。

戦略的退却と反攻をまとめると次のようになる。

一、敵軍が進撃してきたら我が軍は退《ひ》く。

二、敵軍を分散させて、各部隊を孤立させる。

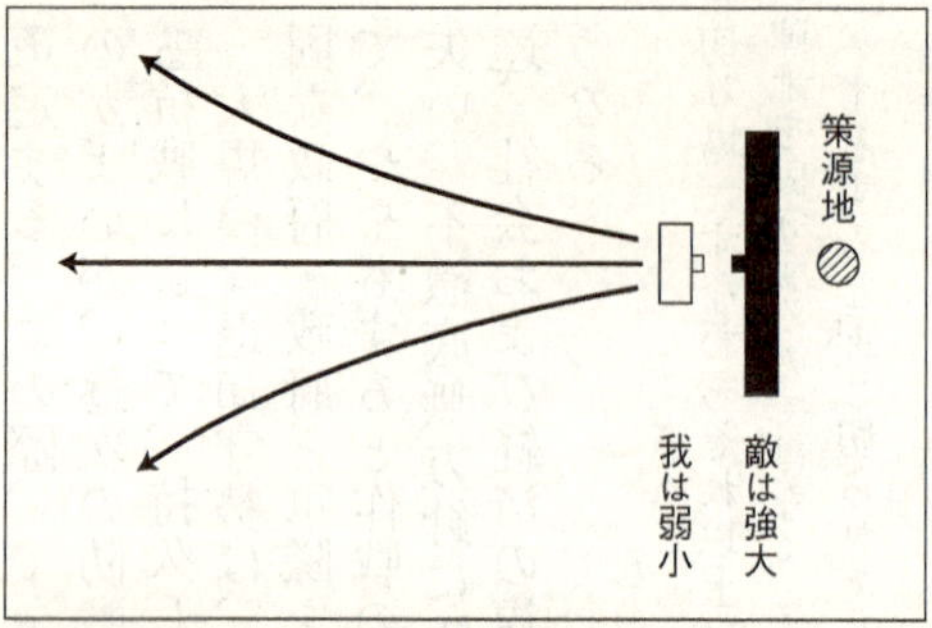

第33図　戦略的退却

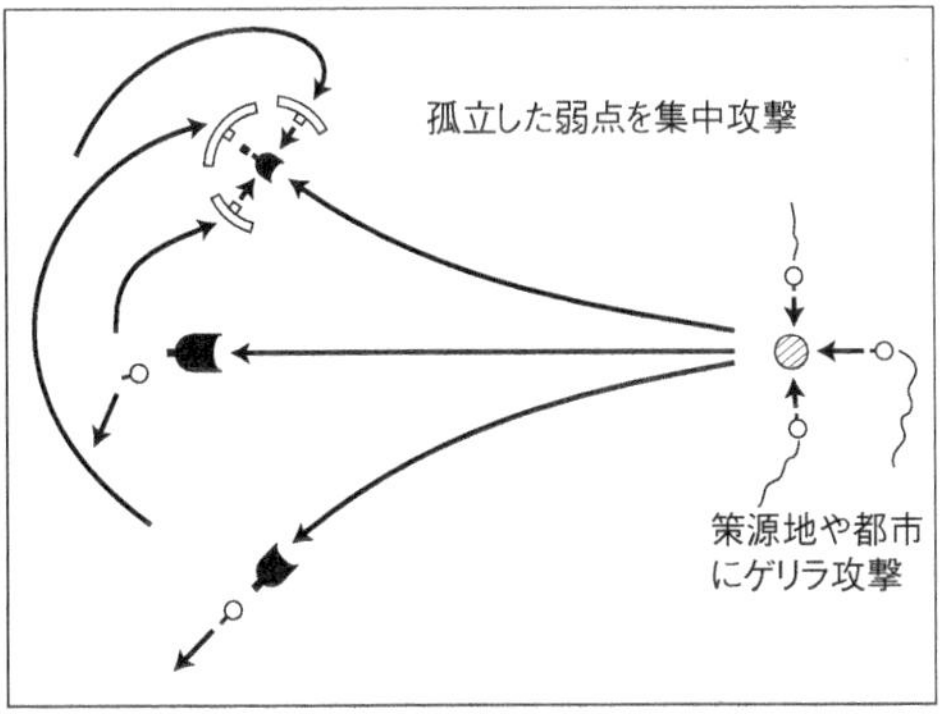

第34図　戦略的反攻

三、その間、我が軍を有利な地域に集結する。
四、孤立して弱点を暴露している一部の敵
　軍に集中攻撃をかけて、各個撃破する。
五、この戦果を全局に拡大して勝つ。
毛沢東流の持久戦略を実施するには、広大な地域の放棄《ほうき》を必要とし、しかもその土地の住民に非常な苦難《くなん》を与え、「国民と国土の防衛」という、政府や国軍としての重大な責務を放棄することになる。

　持久作戦には、下手をすると我が軍の方がさきに潰乱《かいらん》し、撃滅されるという欠点がある。

　そうならないためには次のことが必要である。
一、一兵にいたるまで、強い意志をもって
　いること。
二、下級指揮官の統率力と大局的情勢判断

能力がすぐれていること。

三、部隊の機動力と通信連絡能力がすぐれていること。

四、住民の支持があること。

統帥綱領

解説

統帥綱領は主として方面軍《ほうめんぐん》司令官と軍《ぐん》司令官に対し、方面軍と軍の統帥に関する要綱を示したもので、わが国で最初にできた大兵団運用のための教令である。

主として日清・日露両戦役《せんえき》の経験にもとづき、第一次世界大戦（一九一四～一八年）の教訓を大幅に取り入れ、日本軍の特性と予想戦場に適応する統帥（大軍の指揮）の方法を書いたもので、換言《かんげん》すれば「大本営はこの本で統帥する。各軍はこれに従って戦え」と示したもので、兵学《へいがく》の書ではなく「兵学的にはいろいろな方法があるが、日本軍はこの方法で戦う」という、実行命令をバックにもつ教令である。

参謀本部の知能を結集したものであるが、主なる起案者は小畑敏四郎《おばたとしろう》、鈴木率道《よりみち》などといわれている。

統帥綱領抜粋

一、統帥の要義

1　現代の戦争は、ややもすれば、国力の全幅《ぜんぷく》を傾倒《けいとう》して、なおかつ勝敗を決《けっ》し能《あた》わざるにいたる。

故に、我が国はその国情に鑑《かんが》み、勉《つと》めて初動の威力を強大にし、速やかに戦争の目的を貫徹《かんてつ》すること特に緊要《きんよう》なり。政戦両略の指導はことごとくこの趣旨に合致《がっち》せざるべからず。

速戦即決《そっけつ》を大方針とする。これは孫子以来の戦争指導の根本原則である。毛沢東などはこれと反対の持久戦略を主張しているが、特殊の国情にもとづく、次善の策で、中共軍といえども、できれば速戦即決でやりたかったのである。

2　政略指導の主とするところは、戦争全般の遂行を容易ならしむるにあり。

故に、作戦はこれと緊密《きんみつ》なる協調を保ち、殊《こと》に赫々《かっかく》たる戦勝により、政略の指導に威力ある支撐《しとう》を得しむること肝要《かんよう》なり。然《しか》れども、作戦は元来戦争遂行のための最も重要なる手段たるをもって、政略上の利便に随従《ずいじゅう》することなきはもちろん、その実施に当たりては、全然独立し、拘束《こうそく》されることなきを要す。政略と作戦の関係は最高統帥の律するところにして、その直属の高級指揮官は、よくその方針を体して事に従うべく、爾他《じた》の指揮官にありては、専念、作戦の遂行に努力すべきものとす。

赫々―かがやかしい　支撐―ささえる　最高統帥―国軍の最高司令部

政略と戦略のいずれを主とすべきや、について主張している。戦争論などの説くところよりも戦略重視の色彩《しきさい》が強い。

3　作戦指導の本旨《ほんし》は、攻勢をもって、速やかに敵軍の戦力を撃滅するにあり。これがため迅速《じんそく》なる集中、潑剌《はつらつ》たる機動および果敢《かかん》なる殲滅《せんめつ》戦は特に尊ぶところとす。

状況により作戦上の要求もしくは政略上の考慮《こうりょ》にもとづき、速やかに必要の地域を占領するために作戦を指導すべき場合あり。

溌剌―元気がよい。魚が勢いよく飛びはねるようす　殲滅―全滅させる。殲はつくす

敵軍を狙うか、敵の土地を狙うかの問題について、敵軍を狙うのが本旨だと決定している。攻勢による決戦第一主義の主張である。

4

統帥の本旨は、常に戦力を充実し、巧みにこれを敵軍に指向して、その実勢力特に無形的威力を最高度に発揚《はつよう》するにあり。最近の物質的進歩は著大なるをもって、みだりにその威力を軽視すべからずといえども、勝敗の主因は依然として精神的要素に存すること、古来変わるところなし。まして我が国軍にありては、寡少《かしょう》の兵数、不足の資材をもって、なおよく前記各般《かくはん》の要求を充足せしむべき場合僅少《きんしょう》ならざるをもって、特に然《しか》り。すなわち戦闘は将兵一致して、忠君《ちゅうくん》の至誠・匪躬《ひきゅう》の節義を致《いた》し、その意気高調に達して、ついに敵に敗滅《はいめつ》の念慮《ねんりょ》を与《あた》うるにおいて、初めてその目的を達するを得べし。

無形的威力―精神的な戦力で、物質的戦力に対するもの　匪躬―匪は不、躬は自身、わが身をかえりみないで君国につくす　節義を致す―節操を守り、正道をふみ行う　念慮―心配、おもい

5

敵軍の意表に出《い》ずるは、戦勝の基をひらき、その成果を偉大ならしむるため特に緊要なり。すなわち追随《ついずい》を許さざる創意と、旺盛《おうせい》なる企図《きと》心とにより、敵を制《せい》せざるべからず。しかも、たんに用兵の範囲においてこれを求むるのみならず、科学工芸の領域においてもまたこれに努むるを要す。

戦争間、その経過にともなう幾多《いくた》の教訓は、諸般《しょはん》事象の改変と相まち、必ずや戦法その他の革新を促《うなが》すべきをもって、絶えず戦績《せんせき》の攻究《こうきゅう》に努むると同時に、将来の推移を洞察《どうさつ》し、かつ、機会を求めて必要の訓練を加え、常に最善最妙《さいみょう》の方策により敵軍の機先を制すること緊要なり。

意表―思いがけないところ　追随―追いしたがう。ついていく　創意―新たに物を考え出す　企図心―新しいことをくわだてる意欲　諸般事象―いろいろなことがら　攻究―学び

きわめる、研究

6

巧妙《こうみょう》適切なる宣伝謀略《ぼうりゃく》は作戦指導に貢献すること少なからず。

宣伝謀略は主として最高統帥の任ずるところなるも、作戦軍もまた一貫せる方針に基づき、敵軍もしくは作戦地住民を対象としてこれを行い、もって敵軍戦力の壊敗《かいはい》等に努むること緊要なり。

殊《こと》に現代戦においては、軍隊と国民とは物心両面において密接なる関係を有し、互《たがい》に交感《こうかん》すること大なるに着意《ちゃくい》するを要す。

敵の行う宣伝謀略に対しては、軍隊の士気を振作《しんさく》し、団結を強固にして、乗ずべき間隙《かんげき》をなからしむるとともに、適時対応の手段を講ずるを要す。

謀略―実力をなるべく使わないで、相手を自分の思うようにすること　壊敗―こわしやぶる　士気―将兵の意気ごみ、やる気　振作―ふるいおこす

7

統帥の妙《みょう》は変通きわまりなきにあり。

千変万化の状況、特に彼我《ひが》の実力、敵軍の特性および作戦地の特質に応じて、各々《おのおの》適切なる方策を定むべく、みだりに一定の形式に

捉《とら》われ、活用の妙機《みようき》を逸《いっ》するが如《ごと》きは、厳にこれを戒《いまし》めざるべからず。

変通─物事にこだわらないで、自由自在に変化適応していく　方策─方は木簡（片）、策は竹簡、昔中国で紙のかわりに、文字を書くのに使った。文書、転じて計画、策略、はかりごと　妙機─すぐれた機眼（能力、素質）、巧妙なはたらき、ここでは好機

＊兵は詭道《きどう》なり。（孫子）

＊戦いは、正をもって合し、奇をもって勝つ。（孫子）

＊兵は詐《さ》をもって立ち、利をもって動き、分合（兵力の）をもって変となす。故に疾《と》きこと風の如く、静かなること林の如く、侵掠《しんりゃく》すること火の如く、動かざること山の如し。─風林火山─（孫子）

＊水は高きを避けて低きに赴《おもむ》き、兵は実を避けて虚《きょ》をうつ。水は地によりて流れを制し、兵は敵によって勝ちを制す。故に、兵に常勢なく、水に常形なし。（孫子）

二、将帥

8

軍隊士気の消長は指揮官の威徳《いとく》にかかる。

いやしくも将に将たるものは高邁《こうまい》なる品性、公明なる資質および無限の包容力をそなえ、堅確なる意志、卓越《たくえつ》せる識見および非凡《ひぼん》なる洞察力により、衆望帰向《しゅうぼうきこう》の中枢《ちゅうすう》、全軍仰慕《ぎょうぼ》の中心たらざるべからず。

かくのごとくにして初めて軍隊の士気を作興《さっこう》し、これをしてよく万難を排し、難苦を凌《しの》ぎ、不撓不屈《ふとうふくつ》、敵に殺到《さっとう》せしむるを得べし。

士気―モラール　高邁―気高く、衆《しゅう》にすぐれている　衆望帰向―衆人の信望が集まる　作興―盛んにする　不撓不屈―粘り強い

9

高級指揮官は大勢を達観し、適時適切なる決心をなさざるべからず。

これがため常に全般の状況に通暁《つうぎょう》し、事に臨み冷静、熟慮《じゅくりょ》するを要す。然《しか》れども、いたずらに判断の正鵠《せいこう》を得ることに腐心《ふしん》して機宜《きぎ》

を誤らんよりは、むしろ毅然《きぜん》としてこれを断《だん》ずるに努むるを要す。また、たとい決心に疑惑を生じたる場合といえども、自ら主動《しゅどう》の地位に立ち、もって動作の自由を獲得せざるべからず。蓋《けだ》し一度《ひとたび》受動の地位に陥らんか、兵団の大なるに従い、これより脱逸《だついつ》すること、益々《ますます》困難となるをもってなり。

高級指揮官―戦略単位（師団など）以上の兵団の指揮官　通暁―くわしく知る。通も暁も〈あきらか〉または〈さとる〉　正鵠―弓の的《まと》の中央の黒丸、狙い所、要点　腐心―心をいためる、心配する　機宜―状況の変化に適応する処置　毅然―意志が強く、物事に動じない　断ずる―決断する　蓋し―思うに　受動―受け身

10

高級指揮官は常にその態度に留意し、ことに難局にあたりては、泰然《たいぜん》動かず、沈着《ちんちゃく》機に処するを要す。この際内に自ら信ずるところあれば、森厳なる威容《いよう》おのずから外に溢《あふ》れて、部下の嘱望《しょくぼう》を繋持《けいじ》し、その士気を振作《しんさく》し、もって成功の基を固くするを得べし。

泰然―落ちついて、物に動じない　機に処す―好機を逸せず善処する　森厳―きびしく、おごそか。秩序正しくおごそか　嘱望―期待　繋持―つなぎ持つ

＊　将は楽しむべくして、憂《うれ》うべからず。将憂れば内外信ぜず。（三略）

11

高級指揮官は、予めよく部下の識能《しきのう》および性格を鑑別《かんべつ》して、適材を適所に配置し、たとい能力秀《ひい》でざる者といえども、必ずこれに任所を得しめ、もってその全能力を発揮せしむること肝要なり。賞罰《しょうばつ》はもとより厳明なるを要すといえども、みだりに部下の過誤を責めず、適時これに樹功《じゅこう》の機会を与え、もってその溌剌《はつらつ》たる意気を振起《しんき》せしむるを要す。

識能―知識、能力　任所―働き場所　樹功の機会を与え―手柄《てがら》をたてる機会を作ってやり、自信をつけさす　溌剌―魚が元気よくとびはねる様子　意気―いきごみ、元気

12

高級指揮官は用兵一般の方法に通ずるのみならず、我が軍の真価を知悉《ちしつ》し、予想する敵国および敵軍ならびに作戦地の事情に詳《つまび》らかならざるべからず。

故に、居常自ら研鑽《けんさん》を重ぬるほか、進んで軍隊および後進に接し、親しく駿進《しゅんしん》の気運に触《ふ》るるとともに、これに己れの蘊蓄《うんちく》を伝え、かつ世界の大勢とくに隣邦の情勢を明らかにし、もって作戦の

指導に関し、既に作戦の初動より遺憾《いかん》なきを期するを要す。

詳らか―くわしく知る　居常―平素　駿進―すぐれた新人　気運―ムード　蘊蓄―自分の心に積み貯《たくわ》えてある知識、技能

三、作戦指導の要領

13

作戦指導の要《かなめ》は、卓越せる統帥と敏活《びんかつ》なる機動とをもって、敵に対し常に主動の地位を占め、最も有利なる条件のもとに決戦を促し、偉大なる戦勝を収めて、速やかに戦局の終結を図るにあり。

これがため、彼我の態勢に鑑《かんが》み、益々《ますます》我が軍の利点を発揮するとともに、敵軍の特性を考え、巧みにその弱点に乗ずること緊要なり。

主動――しかける　受動（受け身）の反対

14

作戦軍兵力の増大にともない、戦場の全局《ぜんきょく》もしくは各方面において、しばしば外線および内線作戦発生す。彼我当初の態勢または状況の推移に応じ、巧みに両種作戦の利点を捕捉し、ことに彼我の実力、敵軍の特性等に従い、適切に作戦指導する者よく勝ちを制す。

外線作戦は敵に殲滅《せんめつ》的打撃を与うるに便なり。これが指導にあたりては、全般の兵力配分ならびに各方面の策応を適切ならしむるとともに、作戦範囲の拡大にともない、益々後方機関の運用に留意すること肝要なり。

内線作戦もまた状況によりしばしば偉功《いこう》を奏す。兵力優勢なるも攻撃精神旺盛《おうせい》ならざる敵軍に対しては特に然り。然れども、この作戦は往々受動の弊《へい》に陥りやすく、各個撃破の成果全《まった》からざれば後害を残すをもって、この指導にあたりては、巧みに戦機を看破し、特に勇猛《ゆうもう》大胆なる決心と敏速《びんそく》活発なる機動とを必要とす。

外線―後方連絡（補給）線が外方に放射形になっている、すなわち敵に対し集中的に進撃する戦略態勢

15 方面軍司令官、または独立軍司令官は作戦の発起《ほっき》に先立ち、作戦計画を策定《さくてい》し、その推移にともない、逐次《ちくじ》これを具体化して作戦指導に資《し》するとともに、各機関の業務に必要な準縄《じゅんじょう》を与う。

準縄―よりどころ

16 作戦計画は作戦の目的、兵力の大小等に従い、多少その要領を異にし、一定の形式による必要なきも、通常まず作戦方針、ついで作

戦指導要領を確定したる後、これが実施上必要なる諸件（例えば捜索《そうさく》および諜報《ちょうほう》、集中地到着後における兵団の部署、これらの行動に必要なる諸施設すなわち宿営・給養・交通・兵站等ならびに作戦の補助手段すなわち宣伝・謀略《ぼうりゃく》等）に及ぶを可とす。

諜報――ひそかに行う情報活動　謀略――実力を使わないで、敵を思うように動かす

17

作戦計画は洗練を重ね、推敲《すいこう》を加えて初めてこれを確定し、一《ひと》たび決するや、みだりにその要綱《ようこう》を変ずべきものにあらず。ことに作戦方針の如きは終始これが貫徹《かんてつ》を期し、その根本目的は断じてこれを逸《いっ》すべからず。

推敲――文章をいろいろ考え練る。ここでは検討を加え、考案を練る意味

18

高級指揮官の発する命令は、部下兵団の大なるに従い、各兵団共通の目的と協同動作に必要なる準縄《じゅんじょう》を明示することを主とし、各兵団に独断専行の余地を与えて、遺憾《いかん》なくその全能力を発揮せしむるを要す。また、状況の重大なる変転に際しては、全局の考察と兵団の実力とに鑑《かんが》み、必要に応じ、適時命令を下して、直属指揮官の向

かうべきところを常に明らかにすること肝要なり。

独断専行―状況の変化により、命令された行動がとれなくなり、新たな命令を受ける時間や手段がない場合、発令者の意図を推察して臨機の行動をとる。発令者の意図を尊重しないものは、専恣《せんし》（わがまま）であり、独断専行ではない　遺憾なく―心残りなく、十分に。　憾は物足りない

19　方面軍司令官は、その部署に関し、長時日にわたる命令を発す。軍司令官は、敵軍と遠き時期においては長時日にわたる命令を、敵軍に近付くに従い、日々所要の命令を発するにいたるを通常とす。

20　捜索は主として航空部隊および騎兵《きへい》の任ずるところとす。両者の捜索に関する能力は互《たがい》に長短《ちょうたん》あるをもって、高級指揮官はその特性および状況に応じて、任務の配当を適切ならしめ、かつ相互の連繫《れんけい》を緊密ならしむること肝要なり。

これがため、各種捜索目的に対する両者の難易等を較量《こうりょう》し、かつ捜索以外の任務をも考慮すること必要なり。

21

搜索―敵情をさがすこと。地形の場合は偵察という。相手が動かないからである　較量―比較検討

諜報《ちょうほう》は捜索の結果を確認、補足するほか、屢々《しばしば》捜索の端緒《たんしょ》を捕《とら》え、捜索の手段をもってはなし得ざる各種の重要なる情報をも収集し得るものにして、捜索部隊の不足に伴《ともな》い、益々その価値を向上す。

諜報勤務は脈絡《みゃくらく》一貫せる組織のもとに実施するを要す。故に、高級指揮官は部下兵団に対し、諜報に関する指針とくに間諜《かんちょう》および無線《むせん》諜報機関の配置ならびにその利用に関して所要の事項を指示し、その統一を図ること必要なり。

作戦軍の行う諜報勤務はその作戦指導に資《し》するを本旨《ほんし》とするも、これにより往々《おうおう》戦争全般の指導に利用し得べき貴重なる情報を入手することあるをもって、これに従事する者は眼界を広くし、着想を大にして、この種重要資料を看過せざる着意を必要とす。

22

高級指揮官は、作戦指導上必要なる方面において、交通便利、掩《えん》

護《ご》確実にして、機密保持に容易なる地点に位置するを要す。

また、一度定めたる位置は軽々しく変更することなく、その移動は、通信連絡の完整と相まち、逓次《ていじ》にこれを行うこと必要なり。

逓次――一区間ごとに

23

高級指揮官は、作戦の全期を通ずる運輸機関の要務に鑑《かんが》み、常にその運用の円滑敏速《えんかつびんそく》を図り、ことにこれが防護に留意するを要す。

作戦地およびこれと関連する地方にある運輸機関に対しては、状況これを許す限り、機を失せず所要の兵力を先遣《せんけん》して、速やかに要点を占領し、まずその保全に努むること肝要なり。鉄道において特に然り。

重要なる鉄道ならびに船舶《せんぱく》等の運用は、通常最高統帥これを統轄《とうかつ》し、状況により方面軍司令官以下に委せらるることあり。

敵の運輸機関に対し大規模の妨害《ぼうがい》を加《くわ》うるは、その価値極めて大なり。

24

高級指揮官は常に兵站《へいたん》の状況に通暁《つうぎょう》し、機を失せず所要の準縄を与うるを要す。かくの如くにして初めて、兵站をして事前に周密なる準備を整え、複雑多端《たたん》なる業務を簡約《かんやく》にし、行動を軽快にして、状況に適合せしめ得べし。

方面軍司令官は各軍の兵站を統轄し、必要に応じ、特にその補給に統制《とうせい》を加え、かつ方面軍直轄管区《ちょっかつかんく》の警備行政等に関し、所要の指針を与う。

軍司令官は兵站に関し、その作戦の遂行に必要なる兵站線ならびに主要兵站施設の位置を概定《がいてい》し、補給（軍需《ぐんじゅ》品の種類および数量ならびにその補給集積の時期および地点等）・交通・衛生・警備・行政等に関し、所要の事項を指定す。

補給は兵站の主体なり。然れども兵団の大なるに従い、必ずしも常に斉整《せいせい》円滑を期し難し。高級指揮官は、状況に応じて諸種の手段をつくし、少なくとも緊要《きんよう》なる時機、重要なる方面における、主要軍需品の補給に遺憾《いかん》なからしむるとともに、状況の変化にともなう作戦指導に支障を生ぜしめざる如く、諸般の措置《そち》を定むるを要す。

戦地の物資は勉めてこれを利用するとともに、なし得る限りこれを保護培養《ばいよう》し、本国よりの追送を軽減する着意を必要とす。

給水困難なる作戦地にありては、特にこれが補給に留意するを要す。

兵站―作戦軍と策源とを連絡し、所用の施設をし、必要な機関を行動させ、作戦軍の戦闘力を維持増進させるもの。兵站施設はこれをととのえるのに時間がかかるので、第一線兵団に対するよりも早く、またさらに将来を予想して、命令しなければならない

25 高級指揮官は、我が軍の企図《きと》を秘匿《ひとく》して敵軍の意表に出《い》ずるため、敵の捜索および諜報の手段を防止するほか、計画の立案・命令の作為《さくい》と下達・軍隊および各機関の行動等に細心の注意を払うとともに、機宜《きぎ》に適する陽動および宣伝謀略を行う等、あらゆる手段をつくして遺漏《いろう》なきを期せざるべからず。陽動は、敵の空中勢力優勢なるに従い益々その必要を増大するものにして、これを統一的に行うこと特に緊要なり。

作為―作ること　機宜に適す―情勢変転の好機にうまく適合する　陽動―実際の行動をともなわない見せかけの行動

26 高級指揮官は作戦指導にあたり、身を細務の外におき、策案なら

びに大局の指導に専念せざるべからず。

これがため、幕僚《ばくりょう》を信任してその局に当たらしめ、幕僚は指揮官と一心同体となりて融和《ゆうわ》結合し、もってその職務に殉《じゅん》ずべきものとす。

27

作戦軍は、通常最高統帥《とうすい》の命令に従い、その概定《がいてい》する地域に集中す。

作戦軍は集中完結を待つことなく、攻勢をとるべき場合少なからず。

敵に先んじて優勢なる兵力を集中するは、先制の第一歩となす。これがため我が軍の集中を容易ならしむる手段を講ずるとともに、進んで敵軍の集中を妨害《ぼうがい》すること肝要なり。

集中地は状況これを許すかぎり、なるべく前方に選定すべきものとす。

28

国境もしくは戦地付近に存在する軍隊は最高統帥の命令に従い、集中その他爾後《じご》の作戦を容易ならしむるため、速やかに必要なる行動をとるものとす。
この目的のため、状況により、別に所要の部隊を派遣《はけん》せらるること
とあり。

四、会戦

（一）　通則

29 会戦の目的は敵を圧倒殲滅《せんめつ》し、もって優勝の地位を確保するにあり。

攻勢は会戦の目的を達する唯一の要道《ようどう》たり。たとい敵のため一時機先を制せられたる場合といえども、なお、適切かつ猛烈《もうれつ》果敢なる攻勢により、よく戦機を挽回《ばんかい》し、進んでこれを勝利に導かざるべからず。

要道――重要な方法

30 会戦指導の要は、常に不利なる作戦を敵に強《し》うる如《ごと》く、機動力を発揮し、使用し得る限りの兵力をつくして、所望の方面において優勢を占《し》むるとともに、敵軍の意表に出《い》で、かくの如くにして益々主動の地位を確保すると同時に、いよいよ各兵団の戦力を更張《こうちょう》し、もって至短《したん》の期日に甚大《じんだい》の戦果を収むるにあり。

この際、主力を指向《しこう》せざる方面にありては、最小の兵力をもって忍《しの》び、巧妙《こうみょう》適切なる作戦の指導により、主力の決戦を容易ならしめざるべからず。

戦局の推移をして、つい堅固《けんご》なる陣地の力攻《りきこう》にいたらしめざる如く、会戦を指導すること特に緊要なり。

要―重要なこと　更張―琴《こと》の糸の張りを強めること。ゆるんでいる事を緊張させ、盛んにすること

31

第一の会戦は、爾後《じご》における戦争指導に重大なる関係を有す。故に、必勝を期するとともに、絶大なる戦果をおさめて、敵国および敵軍の心胆《しんたん》を奪《うば》い、もって戦争の全局を支配するの概《がい》なかるべからず。

作戦の初期にありては、上下相識《あいし》り左右相親《あいした》しむ機会に乏《とぼ》しく、第一の会戦においては、これによる欠陥を暴露《ばくろ》するおそれ少なからず。連絡協同を緊密にし、常に統一せる意思をもって敵軍に当たる

こと最も緊要なり。

32

方面軍司令官および軍司令官は作戦の進捗《しんちょく》にともない、機を失せず会戦指導に関する方策を決定して、会戦の準備に準拠《じゅんきょ》を与え、かつその遂行《すいこう》に資すべきものとす。

すなわち作戦計画を具体化し、まず会戦指導の方針、ついで会戦指導の要領を確定したる後、これが実施上必要なる各兵団の部署ならびに諸施設におよぶを可とす。

会戦指導の方針については、方面軍および独立軍においてはとくに主地・主決戦方面・決戦の時期を、方面軍内の軍においては会戦力の指向・隣接《りんせつ》兵団との関係を定める。

会戦指導の要領については機動・戦闘・追撃《ついげき》等を計画する。

各兵団の部署については任務・行動・作戦地域等を定める。

諸施設については、交通・兵站・要すれば宿営給養におよぶ。

33

会戦指導の方針一度《ひとたび》確定せば、状況の変化に眩惑《げんわく》せらるることなく、明快なる判断と堅確なる意志とをもってこれが遂行を図り、如《い》何《か》なる場合といえども、作戦の根本目的を逸《いっ》するが如きことあるべからず。

34

会戦地は常に我が行動の自由を獲得し、ことに企画する作戦の要求に適応せしむるを主眼としてこれを定め、もって最大の戦果をおさむるに務むるを要す。然れども、徒《いたず》らに地形にとらわれて、戦機を逸するが如きは、断じてこれを避《さ》けざるべからず。

35

主決戦正面は、我が軍の企図にもとづき、彼我《ひが》の戦略関係とくに背後《はいご》連絡線の方向・一般の地形・敵軍の配備及び特性とくに兵団の素質等を考慮してこれを決定す。

敵の一翼《いちよく》に主決戦を指向するにあたりては、状況これを許すかぎり、勉めて大規模の包囲を敢行《かんこう》するを要す。正面戦闘は靭強《じんきょう》なるも機動力に乏《とぼ》しき敵軍に対しては、特に然り。

機動不便なる作戦地にありては、包囲の規模大となるに従い、その効果ことに著しきも、我が包囲にともなう敵の対抗手段を適時に制せんがため、予めこれに備うるの要大なるものあり。従って会戦前もしくは会戦の当初、すでにこれに適する基礎配置《きそはいち》を定むること特に肝要なり。然れども、地形広漠《こうばく》にして敵の空中勢力極めて優勢なる場合にありては、敵軍の意表に出《いず》るため、往々会戦地に臨み初めて、その配置につかしめざるべからざることあり。

正面過広《かこう》なるか、相互の連繫緊密ならざる敵軍に対しては、主決戦をその正面に指向し、まず敵を分断したる後、これを包囲に導き、もってその戦果を拡張するを可とすることあり。

兵団の接続部は、彼我ともに有形無形上の弱点を形成すること多きをもって、深甚《しんじん》の注意を払うを要す。

背後連絡線――戦闘部隊と後方の基地（策源）を結ぶ、補給や行動のための交通線（主として道路、鉄道）

36

決戦の時機は一般の状況・会戦初期の機動に要する時日の長短・敵情・季節等を考慮してこれを決定す。

大なる会戦にありては、数方面の戦闘を同時に実施すべきか、逐《ちく》次《じ》に行うべきかに関し考慮するを要す。

37

会戦の指導にあたり、適時、所要の兵団をもって必要の方面に陽動を行い、あるいは敵の側背に策動し、また、特に選抜《せんばつ》せる別動隊をして敵の後方に活躍せしむるときは、敵軍にして統帥の熟練を欠き、しかも長遠なる背後連絡線を有するが如き場合にありては、その効果著しく、たといこれがため一部の兵力を割くも、なお主力の決戦に貢献するところ少なからず。

策動―ひそかに行動して策をめぐらす

38

会戦のために取るべき部署は、所望の時機に、所望の配置において、戦闘の準備を完了せしむる如く、兵団の行動を律するを主眼とす。

これがため、機動を始むるにあたり、まず各兵団の前進を部署するとともに、なし得れば爾後におけるその任務を示し、次いで機動の進捗にともない、必要に応じて前任務を補足し、もしくは新たに各兵団の任務を指定し、さらに要すればその行動を規整して、これを所望の戦場に指向す。

規整―コントロール、管理

39

高級指揮官は会戦能力を向上するため、常に交通兵站等の施設を完備し、その運用を適切ならしめて、会戦の遂行中、九仞《きゅうじん》の功を一簣《いっき》に欠くの憾《うら》みなからしむること肝要なり。

軍司令官は会戦間における各兵団の任務および行動に鑑み、その補給の難易《なんい》および後方整理の便否《べんぴ》を考慮して、要すれば必要の兵団に兵站輸送機関を配属し、あるいは各兵団の輜重《しちょう》を彼此《ひし》融通《ゆうずう》せしむるか、もしくは自らこれを部署し、もって限りある輸送力を活用して、全般の補給を円滑《えんかつ》ならしむるを必要とすることあり。

九仞の功を一簣に欠く——仞は二・四メートル、簣はもっこ。非常に高い堤防を築《きず》くとき、最後の一ぱいのもっこの土がなくて失敗すること。多年の努力も、最後の僅かなことで失敗する　輜重——補給部隊

（二）　機動

40

機動の主とするところは、会戦の目的を達するため、所望の時機、所望の地点に、所望の兵力を移動するにあり。この際軍隊をし

て優越なる戦闘力を保有せしめ、かつ敵をして我が企図を察知せしめざること肝要なり。

機動は会戦の命脈にして、その終始を通じて実施せられ、戦闘の開始これによりて有利となり、戦闘の成果もまたこれにより偉大を加う。

大兵団をして偉大なる機動力を発揮せしめんとせば、単に敏活《びんかつ》なる指揮・旺盛《おうせい》なる行軍能力にまつのみならず、兵団の部署・夜間の利用・各種交通機関の活用・人馬の休養・後方機関の運用等に関し、周密なる考慮を払わざるべからず。この際最も重要なるは、上下一心、飽《あ》くまで目的を遂行せんとする熱烈なる気魄《きはく》にあり。

41

方面軍司令官および軍司令官は機動間、状況の推移にともない、機を失せず敵の弱点に乗じ、あるいは我が欠陥を未然に補綴《ほてつ》せんがため、必要に応じて正面の変換を行い、もしくは兵団の配置を改むる等、常に有利なる態勢をもって戦場に臨む準備を全うせざるべからず。

42

方面軍司令官は、機動漸《ようや》く進捗《しんちょく》するや、全般の状況を判断して戦闘指導に関する方策を確定し、兵団を所望の戦場に指向す。

これがため各軍の任務および作戦地域・直轄部隊の行動ならびに必要に応じ戦闘のための運動発起・もしくは兵力集結の位置及び時機等を示すものとす。

この際なし得れば追撃《ついげき》一般の方針を示すを可とす。

（三）　戦闘

43

方面軍司令官は多くの場合、機動の成果により、自然に各軍をして、戦闘を開始せしむ。従って、各軍を戦場に指向するため取りたる方面軍最終の前進部署は、そのまま戦闘部署たること多し。

44

軍司令官は戦闘の終始を主宰《しゅさい》すべきものとす。

戦闘開始に関し、各師団指導上最も必要なる条件は、これに的確なる任務と適切なる関係位置とを与え、かつ協同動作の準拠《じゅんきょ》を得しむるにあり。従って、軍最終の前進部署においてすでにこの条件を具備する場合のほか、さらに各師団の行動を統一するを要す。

45 陣地を占領せる敵に対しては、機動により、なるべく陣地外に決戦を求むるを可とす。

陣地を占領せる敵を直接攻撃せざるべからざる軍にありては、陣地前適当の地域に兵団を集結し、状況これを許すかぎり作戦地に近く地歩を進めて、所要の準備をととのえたる後、統一的に攻撃を指導するを要す。然れども、これがため徒らに時日を費やすことなく、なるべく速やかに攻撃を断行し、一挙に決勝を求むるに努めざるべからず。

46 一時守勢に立つのやむを得ざる場合にありては、方面軍司令官は各軍の占《し》むべき大体の線を、また軍司令官は各師団等の占むべき概《がい》略《りゃく》の位置を定む。各兵団は当初の任務に従い、地形を判断して、まずその占むべき地域の要点に所要の設備を施《ほどこ》すものとす。攻勢の支《し》撐《とう》たるべき地域の防御に任ずる兵団といえども、機に応じて攻勢に転じ得る準備を怠《おこた》るべからず。

　攻勢移転は遂《つい》には全線をあげてこれを行うべきものにして、会戦のため予め定めたる方策に従い、方面軍司令官または軍司令官の決心に基づきこれを実施するを通常とす。然れども、会戦の経過中、臨《りん》機《き》敵軍の弱点に乗じ、ことに第一線師団長の独断をもって、これが端《たん》緒《しょ》をひらくべき場合あり。

　攻勢移転の時機を看破するには非《ひ》凡《ぼん》なる活眼を必要とす。大兵団にありては局面の拡大とともに、いたるところ戦況の緩《かん》急《きゅう》を異にするものあるにおいて、ことに然り。すなわち、徒らにその時機の判定に焦《しょう》慮《りょ》して戦機を逸《いっ》せんよりはむしろ早きにおいてこれを断ずるにしかず。

支撑――これを支え軸《じく》にして攻勢に出る堅固な陣地。攻勢（撃）に支撑、防勢（御）に拠点

47

　敵の意表に出《い》でんがため、攻防のいずれたるを問わず、昼間における一部軍隊の配置および行動等により敵を偽《ぎ》騙《へん》すると相まち、夜《や》暗《あん》を利用して確実に軍隊を移動し、払《ふつ》暁《ぎょう》とともに有利なる態勢をもって戦闘を開始し、もしくはこれを進捗せしむるを可とすることあ

り。然れども、もしこれを常用手段とすれば、ただにその価値を減ずるにとどまらず、かえって不慮《ふりょ》の失敗を招くことあるに注意するを要す。

48

戦闘進捗に関し、方面軍司令官の最も意を用うべきは、戦局の推移をして、会戦指導の大方針にもとらしめざるにあり。

これがため、戦場の波瀾《はらん》に応じて、要すれば第一線各兵団の行動を規整し、かつ特に必要を認むるにおいては、兵力の転用を行う等、各種の手段を尽くして窮極《きゅうきょく》の目的を達成するに遺憾《いかん》なからしむるを要す。

もとる――そむく、ここでは逸脱《いつだつ》　窮極――最後

49

戦闘遂行に関し、軍司令官は、戦況の推移に応じて適時適所に予備隊を使用するほか、要すれば第一線兵団の行動を規整《きせい》し、また、すでに予備隊を有せざるにいたるも、なお砲兵《ほうへい》火力の運用・兵力の移動・資材の転用等の手段を尽《つ》くして戦場の波瀾を制し、速やかに絶大なる戦果を獲得するに努めざるべからず。

規整——コントロール

50

戦闘たけなわとなるや、戦場はあたかも怒濤《どとう》の相打つが如く、彼《ひ》我《が》軍隊の奮戦力闘《りきとう》は極度に達し、その戦勢は頗《すこぶ》る混沌《こんとん》たるにいたるべし。この時にあたり方面軍司令官または軍司令官は、刻々到達する状況によって的確なる判断を下し、機に先んじて、常に戦況の変化に応じ得る準備をなさざるべからず。

なお、局所の勝利はよく大局《たいきょく》の成功をもたらし得べきをもって、たとい一小成功といえどもみだりにこれを逸《いつ》することなく、益々これが拡張に努むるを要す。けだし、かくの如くにして、ついに戦場の覇者《はしゃ》たることを得ればなり。

覇者——勝利者、実力による支配者で合法的、非合法的を問わない

51

高級指揮官は戦闘のため、兵站をして軍需《ぐんじゅ》品特に弾薬および糧秣《りょうまつ》の補給・衛生の施設等に遺憾《いかん》なからしめ、かつ戦闘間といえども常に後方機関を整備し、戦線の後方に近く所要の軍需品を集積して、機を失せず遠大かつ神速なる追撃を行うに支障なからしむ。

(四) 追撃

52 戦勝の効果を完全ならしむるは、一に猛烈《もうれつ》果敢なる追撃にあり。
然れども、戦勝後にありては、各兵団は体力および気力を消磨《しょうま》しあるのみならず、ややもすれば眼前の成功に満足しやすきものなるをもって、高級指揮官は軍隊の士気を鼓舞《こぶ》し、絶大の努力を要求し、極めて強固なる意志をもって、追撃を断行せざるべからず。

53 追撃の主とするところは、会戦の目的を達成するために、速やかに敵を捕捉《ほそく》し、これを殲滅《せんめつ》するにあり。
これがため、まず広くかつ深く敵方に溢出《いっしゅつ》し、特に敵の退路に迫り、ついで諸方面よりこれを包囲するを可とす。

然らざるも、敵をその背後連絡線以外に圧迫《あっぱく》し、その他、敵の欲せざる時機および地点もしくは不利なる態勢においてこれを捉《とら》え、もって敵軍を撃滅《げきめつ》するを要す。

この際方面軍司令官および独立軍司令官にありては、状況の如何により、なお、全局の考察にもとづく将来の作戦指導をも考慮せざるべからず。

54

高級指揮官は勝利の曙光《しょこう》を認むるや、機を失せず各兵団をして追撃のため有利なる態勢に移らしめ、かつ、おそくもこの時までに、その追撃に関し所要の準拠《じゅんきょ》を与《あた》うるを要す。

各兵団は、敵の退却を知るや、別命を待つことなく、全力をあげて直ちに追撃を開始すべく、この際部隊の整頓《せいとん》等のため、追撃の機を逸するが如きは厳にこれを戒《いまし》めざるべからず。

55

方面軍司令官または独立軍司令官の追撃部署において極めて重要なるは、その追撃目標および各兵団作戦地域の決定にあり。

追撃目標は、敵軍退却の動機および状態ならびにその退却開始の時機および予想する今後の企図・我が軍の補給能力・友軍との関係・地形特にその戦略上の価値および交通網《もう》等を考慮してその規模等を考察すべきも、容易に敵を捕捉し得る場合のほか、勉めて遠き位置にこれを選定するを要す。

各兵団の作戦地域も、概《おおむ》ね前項の諸件を考慮し、各兵団をして追撃目標と関連して各々適切なる追撃方向を保持せしめ、かつ、通常十分なる機動の余地を有せしむる如く、これを指定するを要す。方面軍内の軍にありてもこれに準ず。

56 大兵団の追撃において特に考慮すべきは、補給の関係により、その遠大かつ迅速《じんそく》なる遂行を拘束《こうそく》することなきにあり。

故に、高級指揮官は、会戦前はもちろん、会戦中といえどもあらゆる手段をつくしてこれが準備を全うし、一たび追撃に移るや、兵站をして遺憾なくその全能力を発揮して所要の軍需品特に弾薬《だんやく》および糧秣《りょうまつ》補給を敏活《びんかつ》ならしめ、もって至短期日に絶大なる戦果をおさむるに努めざるべからず。ことに交通機関いまだ発達せず、物資もまた貧弱なる作戦地において然り。

57 大兵団といえども夜間の追撃を敢行《かんこう》するを要す。

58 追撃間にありては、容易に敵の間隙《かんげき》を突破し得る機会多し。

故に、正面より追撃する兵団は、ただに猛烈なる追撃を実施し、敵をして停止するのやむなきに至らしむるのみならず、速やかに敵の弱点を突破し、あるいはその間隙に侵入《しんにゅう》し、もって退却を混乱に陥《おちい》らしむるを要す。

59

高級指揮官は、追撃間、活眼をもって状況の推移を洞察《どうさつ》して、益々追撃の効果を偉大ならしめ、かつ、遅滞《ちたい》なく敵軍の新企図を制することと肝要なり。これがため、適時部下兵団を指導して、機宜《きぎ》の行動に出《い》でしむるを要することあり。

（五）　退却

60

大兵団は特別の場合のほか、退却《たいきゃく》を行うべきものにあらず。これを行うはただ最高統帥の企図に準由《じゅんゆ》する場合に限り、その実施は方面軍司令官または独立軍司令官の命令による。

61

退却の主とするところは、速やかに敵と離隔《りかく》して、所望の態勢を占めんとするにあり。故に、まず確実に軍隊を掌握《しょうあく》して、巧みに戦場を離脱し、また、真にやむを得ざる場合のほか、敵と戦闘を交うることなく、速やかに態勢を整頓《せいとん》しつつ、目的地に向かい退却するを要す。

62

高級指揮官の退却部署において極めて重要なるは、その退却目標および各兵団作戦地域の決定にあり。退却目標は、我が軍の今後の企図に基づき、退却する各兵団をして、少なくもその態勢を整頓する余裕を有せしむる如く、戦場より適宜遠隔せる位置にこれを選定するを要す。

63

高級指揮官は退却のため、兵站をして、速やかに戦場の後方地区を開放して、軍隊の行動に支障なからしむるとともに、機を失せず、爾後《じご》の作戦に関する諸般《しょはん》の準備を全《まっと》うせしむ。

64

高級指揮官は各兵団をして、退却目標に向かい一挙に退却せしむるを要す。然れども、敵軍の追撃状態に応じ、一部の兵団をもって適切なる機動を行い、好機に乗じて反撃を加うるを可とすることあり。

付録第一

作戦要務令

——昭和十三年（一九三八年）陸軍省

解説

昭和初期の、日本軍の兵書花盛りのときに出た、師団長以下の陸軍将校に対する「師団以下の部隊の指揮」のための教令である。

作戦要務令は戦術書であるが、現代企業の経営実行に役立つことが多く、特に状況判断・決心・命令・監督を一サイクルとする指揮の手順などは利用価値が大きい。

作戦要務令総則

第一　本令は陣中勤務および諸兵《しょへい》連合の戦闘に関し、一般に準拠すべき事項を示す。

第二　軍隊は本令に基づき、訓練の精到《せいとう》を期すべし。特に戦時にありては、実戦の経験に鑑《かんが》み、将来の変化を洞察し、よく本令を活用し、かつ教えかつ戦い、もって戦勝の獲得に遺憾《いかん》なきを要す。

作戦要務令抜粋

一、綱領

1 軍の主とする所は戦闘なり。故に百事皆戦闘をもって基準とすべし。

戦闘一般の目的は、敵を圧倒殲滅《せんめつ》して、迅速《じんそく》に戦勝を獲得するに在り。

2 戦勝の要《かなめ》は、有形無形の各種戦闘要素を総合して、敵に優る威力を要点《ようてん》に集中発揮せしむるにあり。

有形無形――物質的と精神的

局所優勢主義――大は小より格段に強い。勝つためには、なによりもまず大兵を集めなくてはならない。しかし大兵を集めなくては勝てないかというと必ずしもそうではない。全体としては劣勢でも、決戦場において優勢でありさえすれば勝てる。戦いは一ヶ所で勝てばよい。一ヶ所で徹底的に勝てば、他の所の戦勢はこれについてくる。いたる所で勝つ必要はない。

3　訓練精到にして、必勝の信念堅《かた》く、軍紀《ぐんき》至厳《しげん》にして攻撃精神充溢《じゅういつ》せる軍隊は、よく物質的威力を凌駕《りょうが》して、戦勝を全《まっと》うし得るものとす。

至厳―非常に厳重　攻撃精神―積極的な実行意欲、やる気、モチベーション　充溢―みちあふれる　凌駕―しのぐ、うちかつ

戦力は、物質的威力＋精神的威力ではなくて、物質的威力×M精神的威力であるから、いかに精神的威力が大きくても、物質的威力があまりに少なければ勝てないことは、大東亜戦争の実例が示すとおりである。

しかし生命を賭《か》ける戦争では、精神的威力の発揮する戦力は平時とは格段に大きく、最後に勝敗を決するものがこれであることは、ベトナム戦争がこれを示している。南ベトナム軍は莫大《ばくだい》なアメリカ支給の兵器をもっていたが、末期にはすべてこれを放棄してしまったのである。

戦いも経営も主宰者《しゆさい》は人間であることを忘れてはならない。私の感じでいえば、生命に危険を感じないときのMの価は〇・一で、危険を感じるときの価はその百倍の一〇・〇くらいである。

4　必勝の信念は、主として軍の光輝《こうき》ある歴史に根源し、周到《しゆうとう》なる訓練をもってこれを培養《ばいよう》し、卓越《たくえつ》せる指揮統帥をもってこれを充実《じゆうじつ》す。

実質的裏付けのない信念は自負となり、身を滅《ほろ》ぼす。

5　軍紀は軍隊の命脈なり。戦場至る所、境遇を異にし、諸種の任務を有する全軍をして、上下脈絡《みやくらく》一貫、よく一定の方針に従い、衆心《しゆうしん》一致の行動につかしめ得《う》るもの、すなわち軍紀にして、その弛張《しちよう》は実に軍の運命を左右す。

軍紀の要素は服従にあり。

軍紀―軍の規律を守ろうとする精神であるが、ただ違反しなければよいというものではなく、積極的責務遂行心である　命脈―命の続くこと　脈絡一貫―脈絡とは血管のこと、血

管によって、くまなく全身に血液が循環《じゅんかん》しているように、上下の意思疎通《そつう》が十分なこと

6　およそ兵戦のことたる、独断を要するもの頗《すこぶ》る多し。独断は、その精神においては決して服従と相反するものに非ず。常に上官の意図を明察し、大局を判断して、状況の変化に応じ、自らその目的を達し得べき最良の方法をえらびて、機宜《きぎ》を制せざるべからず。

7　軍隊は常に攻撃精神充溢し、士気旺盛ならざるべからず。勝敗を決するものは必ずしも兵力の多寡《たか》によらず、精練《せいれん》にして、攻撃精神に富める軍隊は、よく寡《か》をもって衆《しゅう》を破《やぶ》るを得べし。

攻撃精神とは、積極的な実行意欲、やる気すなわちモチベーションである。攻撃精神は軍のエネルギー源であり、これがなくては統率も作戦も形だけのものになってしまい、実動しない。レールは敷かれても、モーターが発動しなければ、列車は動かないのである。

8　協同一致は、戦闘の目的を達するため極めて重要なり。兵種を論

ぜず、上下を問わず、心と力を併せて全軍一体の実をあげ、初めて戦闘の成果を期し得べし。

全般の情勢を考察し、おのおのその職責を重《おも》んじ、一意《いちい》任務の遂行に努力すれば、おのずから協同一致の趣旨に合致し得。

＊ 指揮官は、隣接部隊が任務をつくしているか否かを尋《たず》ねる権利はない。

（クラウゼウィッツ）

＊ 選手たちが仲が悪くても、各自が任務達成を競えば、良いチームワークができ上がる。

（三原脩《おさむ》）

9

戦闘は最近著しく複雑靱強《じんきょう》の性質を帯び、かつ資材の充実、補給の円滑は必ずしもつねにこれを望むべからず。故に軍隊は堅忍不《けんにんふ》抜《ばつ》、よく困苦欠乏に堪《た》え、難局を打開し、戦勝の一途《いっと》に邁進《まいしん》するを要す。

堅忍不抜―耐え忍んで我慢強く、むやみに心を動かさないこと

10

敵の意表に出《い》ずるは機を制し勝を得るの要道なり。故に旺盛なる

企図心と追随《ついずい》を許さざる創意と神速なる機動とをもって敵に臨み、常に主動の位置に立ち、全軍相戒《あいいまし》めて厳《げん》に我が軍の企図を秘匿《ひとく》し、困難なる地形および天候をも克服し、疾風迅雷《しっぷうじんらい》、敵をしてこれに対応するの策なからしむること緊要なり。

意表に出る―思いがけないことをする　機を制す―好機を利用する　要道―大切な方法
神速―非常に速い　疾風迅雷―速い風、激しい雷鳴、急に行動すること

意表に出るとは、敵の思いがけないことをすることで、これは時機・場所・方法の三つの面で行われる。意表に出られたものは、適時適切な対応策をとれなくて敗れるのであるが、その他に精神的打撃が甚大《じんだい》なのである。人間は「しまった！」と思った瞬間に心理の平衡《へいこう》を失し、その本来の戦力を発揮できなくなる。すなわち、意表をつかれた軍はつねに劣勢なのである。

11

指揮官は、軍隊指揮の中枢《ちゅうすう》にして、団結の核心《かくしん》なり。故に常時強き責任観念と意志とをもって、その職責を遂行すると共に、高き徳性を備え、部下と苦楽をともにし、率先躬行《そっせんきゅうこう》、軍隊の儀表《ぎひょう》としてその尊信《そんしん》をうけ、剣電弾雨《けんでんだんう》の間に立ち、勇猛沈着、部下をして仰ぎて

富岳の重きを感ぜしめざるべからず。

なさざると、遅疑するとは、指揮官の最も戒むべき所とす。この両者の軍隊を危殆《きたい》に陥《おちい》らしむこと、その方法を誤るよりも更に甚《はなは》だしきものあればなり。

中枢―活動の中心軸　率先躬行―部下に先立って自分から行う　儀表―模範　剣電弾雨―剣がひらめき、弾丸が雨下する。激戦のこと　富岳―富士山　遅疑―ためらう

指揮官の不決断ほど、部下の信頼を失うものはない。時機を失しないように適時決断し、決定した方法につき、長所を伸ばし、短所を補う方法を考えるべきである。

12　戦闘においては百事《ひゃくじ》簡単にして精練なるもの、よく成功を期し得べし。

運用の妙は人に存す。

生命の危険下、とくに極限状態に陥った人間には、複雑巧妙なことはできない。凡案《ぼんあん》を非凡《ひぼん》に実行せよ。

二、指揮および連絡

13 指揮の要訣《ようけつ》は、部下軍隊を確実に掌握《しょうあく》し、明確なる企図《きと》の下に、適時適切なる命令を与えて、その行動を律すると共に、部下指揮官に対し、大いに独断活用の余地を与《あた》うるにあり。

要訣――秘訣、奥義《おうぎ》、大事な手段

自分の企図は、自分にもはっきりしていないもので、これは文章に書いてみればよくわかるが、なかなか書けないものである。あやしいときには書いてみなければならない。一般に、自分がはっきり考えていることの半分も他人にわかればよい方であり、まして自分にはっきりしないことが部下にわかるはずがない。

14 指揮の基礎をなすものは実に指揮官の決心なり。故に、指揮官の決心は堅確にして、常に強固なる意志をもってこれを遂行せざるべからず。決心動揺すれば指揮おのずから錯乱《さくらん》し、部下したがって遅《ち》疑《ぎ》す。

決心とは意思決定であり、「指揮とは、決心を準備し、決心をし、決心を実行することである」ともいえる。社長は決心の機関であり、社長の決心は会社の運命を左右する。

＊　将は、難に臨み、疑を決す。（尉繚子《うつりょうし》）

＊　威《い》は命令を変ぜざるにあり、危《あや》うきは号令（軍律）なきにあり。（尉繚子）

＊　命令は小過ならば改めず、小疑ならば中止せず。（尉繚子）

15　指揮官決心をなすにあたりては、常に敵に対し主動の地位に立ちて、動作の自由を獲得するに勉め、特に敵の意表に出ずること極めて緊要なり。もし一度《ひとたび》受動の地位に陥《おちい》らんか、終始敵の動作に追随し、遂《つい》に失敗に終わるものとす。

16　指揮官はその指揮を適切ならしむるため、たえず状況を判断しあるを要す。状況判断は任務を基礎とし、我が軍の状態・敵情・地形・気象等、各種の資料を収集較量し、積極的に我が任務を達成すべき方策を定むべきものとす。

敵情特にその企図は多くの場合不明なるべしといえども、敵としてなし得べき行動、特に我が方策に重大なる影響を及ぼすべき行動を攻究《こうきゆう》推定せば、我が方策の遂行に大なる過誤なきを得べし。

方策──いま、我は何をなすべきか　攻究──おさめきわめる。攻は修、磨

大敵を恐れず、小敵を侮《あなど》らず。

＊好転する前には、悪化する段階もあり得る。（チャーチル）

17 指揮官は状況判断に基づき、適時、決心をなさざるべからず。決心は戦機を明察し、周到なる思慮《しりよ》と迅速なる決断とをもって定むべきものにして、常に任務を基礎とし、地形および気象の不利、敵情の不明等により、躊躇《ちゆうちよ》すべきものにあらず。一度《ひとたび》定めたる決心はみだりにこれを変更すべからず。

18 指揮官は決心に基づき、適時適切なる命令を発す。命令は発令者の意思および受令者の任務を明確適切に示し、かつ受令者の性質と識量とに適応せしむるを要す。受令者の自ら処断し

得る事項はみだりにこれを拘束《こうそく》すべからず。また、命令が、受令者に到達するまでの状況の変化に適応するものなりや否やを、考察すること必要なり。

識量—識とは物事の道理を見分ける心の作用。識量とは識見と度量であるが、ここでは能力と状況を知っている程度と解する方が実際的である

19　命令には、理由もしくは臆測《おくそく》に係ることを示すべからず。種々未然の形勢をあげて、一々これに対する処置を定むるが如きは、避《さ》くるを要す。また、下達《かたつ》せる命令のほか、みだりに指示を与うべからず。

理由を示してはならない、ということではない。この時理由を示すのでは、すでにおそいというのである。野球の監督は試合中のサインの理由を説明することはない。

20　命令の受領よりこれが実行までに、状況の変化測り難きとき、または発令者状況を予察《よさつ》すること能《あた》わず、受令者をして現状に応じ適

宜処置せしめんとするが如き場合の命令にありては、全般の企図および受令者の達成すべき目的を明示するほか、細事にわたりその行動を拘束せざるを要す。

21

命令は、これを下達するも、適時確実に受令者に到達せざることあるのみならず、たとい到達するも、意図の如く実行せられざることあり。故に、発令者は命令の伝達および実行を確認する手段を講じ、受令者は常に実行に関し報告するの著意を必要とす。

好ましくない命令は伝わりにくい。

22

命令の下達に長時間を要し、この間受令者をして行動を開始せしむるか、もしくは速やかに軍隊をして所要の位置につかしむるを利とする場合等においては、まずその要旨《ようし》のみを下達し、後、完全なる命令を付与《ふよ》するものとす。

状況急を要し、とりあえず軍隊をして、所要の行動につかしめんとする場合においては、機を失せず、これが準備または行動開始等に関し、所要の事項を命令し、その後、更に必要なる命令を与えるを可とす。

23　命令は必要なる指揮官に直接下達するを最も確実なりとす。しかれども、交戦中あるいは運動中の部隊の指揮官を遠隔《えんかく》せる地点に招《しょう》致《ち》して命令を与うるが如きは、これを避くるを要す。

24　各級指揮官は相互の意思を疎通《そつう》し、彼此《ひし》の状況を明らかにし、もって指揮および協同動作を適切ならしむるため、適時必要なる連絡をなさざるべからず。

連絡を完全ならしむるの基礎は、進んで連絡を保持せんとする精神と、連絡に関する適切なる部署とにあり。

25　各級指揮官は得たる諸情報を、自己の状態およびその後の企図と共に、適時かつ積極的に上級指揮官に報告し、進んでその掌握《しょうあく》下に入るほか、これら諸情報を部下諸隊ならびに隣接および協同する部隊に通報すること緊要なり。戦闘間において特に然り。

状況変化なきか、あるいは不明なること等を報告・通報するもまた価値大なることあり。

如何《いか》なる場合においても、状況を悲観し、あるいは敵情を過大視し、あるいは戦闘の成果を誇張《こちょう》するが如き報告・通報は厳にこれを戒《いまし》むるを要す。

敗戦報告に名文を使うは愚《ぐ》である。

26

報告および通報は、受信者の判断に便ならしむるため、その出所を明らかにし、特に推測によるものは、その理由を明示するを要す。敵に関する通報には、日時・場所・兵種・員数・動作時を包含《ほうがん》せしむること緊要なり。

27

命令・報告・通報の伝達は、指揮の系統をおいてこれを行うものとす。

しかれども事急なる場合においては、この順序によることなく、直接所要の部隊に伝達するを通常とす。この際、省略せる中間部隊には速やかに別報し、同時に上（下）級部隊には既《すで》に伝達せしことを知《し》らしむるを要す。

指揮の系統を有《ゆう》せざる部隊間における通報の伝達は、協同動作上、直接関係を有する部隊に向かい相互に実施するを通常とするも、危険の迫《せま》れる部隊に対しては、連絡系統の如何《いかん》に拘《かかわ》らず、速やかに通報するものとす。同一の命令・報告・通報を同時に諸方面に伝達する場合には、この旨《むね》を併せ伝え、各部隊をして、伝達の重複《ちょうふく》をさけしむること緊要なり。

28

指揮官の位置は、軍隊の指揮に重大なる影響を及《およ》ぼすものにして、軍隊の士気を左右すること大なり。故に部下の指揮に便にして、なるべく連絡容易なると共に、その威徳《いとく》を軍隊に及ぼし得ることを考慮し、これを選定すること緊要なり。

社長の位置は経営に関係がある。

大きなビルにおさまっており、通信機能の整備された会社では、社長室などどこでもよいようなものであるが、意外とそうではない。役員室がビルの最上階に集まっているため、毎日役員の顔しか見ない社長が多く、大社長の中には、運転手や秘書以外には誰とも話さないで一日を過ごす者さえあるという。

社長室の位置は出入り口真上の二階が最良である。会社に出入りする人の表情がわかるし、社員の気配も察知できる。本社ビルの設計にあたっては、まず社長の指揮に最も都合のよいように人員を配置してみて、これを蔽《おお》うように建物の形を考えるべきではあるまいか。

一般に社長は人を見ることよりも、人に見られることの方が大切で、とくに苦境に立ったときには、社長室の活気あるムードを社の内外に発散させねばならない。

三、戦闘指揮

29 戦闘にあたり、攻防何《いず》れに出ずべきやは、主として任務に基づき決すべきものなるも、攻撃は敵の戦闘力を破砕《はさい》し、これを圧倒殲滅《せんめつ》するための唯一の手段なるをもって、状況真にやむを得ざる場合のほか、常に攻撃を決行すべし。

敵の兵力著しく優勢なるか、敵のため一時機先を制せられたる場合においても、なお手段をつくして攻撃を断行し、戦勢を有利ならしむるを要す。状況真にやむを得ず、防御をなしあるときといえども、機を見て攻撃を敢行《かんこう》し、敵に決定的打撃《だげき》を与うるを要す。

防御の本質的な不利は、人間の心を消極的にし、不安に陥らせることである。また防御に成功しても、敵の攻撃を破砕するだけで、勝ったことにはならない。

＊　思案に余った艦長は、敵艦に突進せよ。　（ネルソン）

30 指揮官は決心に基づき、戦闘指導の方針を確定し、これに準拠して軍隊を部署し、かつ戦闘の終始を指導するものとす。

31 戦闘指導の主眼は、たえず主動の地位を確保し、敵を致《いた》して意表に出《い》で、その予期せざる地点と時機とにおいて徹底的打撃を加え、もって速やかに戦闘の目的を達成するにあり。戦闘の勝敗まさにわかれんとするや、戦勢混沌《こんとん》として戦闘惨烈《さんれつ》をきわむべし。指揮官は、敵もまた我と同一もしくはそれ以上の苦境にあるべきを思い、必勝の信念のもとに、堅確なる意志をもって、当初の企図を遂行すべし。

32 戦闘部署の要訣《ようけつ》は、決戦を企図する方面に対し、適時、必勝を期すべき兵力を集中し、諸兵種の統合戦力を遺憾《いかん》なく発揮せしむるにあり。

＊ 敵、備《そな》うるところ多ければ、我と戦うもの少なし。　（孫子）

33 戦闘を実行するにあたり、所要に充《み》たざる兵力を逐次《ちくじ》に使用するは、大なる過失に属す。かくの如くするときは、絶えず優勢なる敵と戦わざるを得ずして、自ら主動の利益を放棄し、徒らに損害を招き、終に軍隊の士気を挫《ざ》折《せつ》するに至るべし。

34

予備隊は、通常獲得せる戦果を拡張し、所望の地点に決戦を求め、所要に応じ、不時の事変に応ずる如くこれを使用す。何れの場合においても、なし得る限り主動的に使用し、もってその効果を最大ならしむべし。

予備隊を損害特に多大なる戦線に注入せば、再び同一の結果に陥ることあるに注意するを要す。

予備隊は勝つために使うのが本来である。敗けて危急に瀕《ひん》している部隊には目をつぶり、勝てる見込みのある戦場に予備隊を注入し、全軍の勝利によって、この部隊の窮《きゅう》状《じょう》を本格的に回復する冷徹《れいてつ》さを、指揮官は持たねばならない。

敗れそうになった戦線に予備隊を注入して、現状を維持することができても、再びこの戦線が危なくなったときには、もはや打つべき手はない。

赤字に苦しむ会社が、不動産などの資産を売却して資金を得た場合には、まず借入金の返済にあて、金利負担を軽減して、赤字の雪だるま式激増を防止するのが普通である。しかし、これはマイナスが減るだけで、プラスにはならず、下手をすると「焼け石に水」の無駄使いに終わってしまう。

有能な社長は、これを積極的に使い、利益をあげている部門に注《そそ》ぎこんで、ここの利益を増やすことによって、全般の赤字を減らすことを考える。これには危険をともなうが、会社が伸《の》びるか、じり貧に陥るかは、社長のこの辺の商機の判断と決断によることが多い。

35　攻撃の主眼は、敵を包囲して、これを戦場に殲滅《せんめつ》するにあり。

攻撃は、敵の意表に出《い》ずるの度大なるに従い、その成果ますます大なり。

攻撃に任ずる軍隊は、常に剛健《ごうけん》なる意志をもって専心、敵に向かい勇進するを要す。

36　攻撃の重点は、状況とくに地形を判断し、敵の弱点もしくは苦痛とする方向に指向す。

弱点は攻めやすいが、これには要点もあり、要点でないものもあり、取られることを苦痛とするものもあり、取られても苦痛を感じないものもある。したがって、敵にとって重要でなく、苦痛でもない所であったら、これを攻略した後、要点や苦痛点に向かい、戦勝の余勢を駆《か》って、第二の攻撃をしなければならない。

敵が苦痛とする所にも、弱点と強点がある。しかし多くの場合、苦痛とする所は堅固に配備され、強点となっているので、攻撃には困難するが、攻撃に成功すれば、勝ちを決することができる。弱点であり、要点であるところを攻められることが、敵にとっては一番の苦痛であり、ここを攻めるのが最上である。

われわれの場合、たくさんの仕事が一度に来た場合には、まず、やさしい仕事、むずかしい仕事のいずれに手をつけるかはよく考えねばならない。

むずかしい仕事でも、これを解決することによって、他のすべての仕事が容易になる場合には断然これにいどむべきであり、重要ではないが、やさしい仕事で、これを片付けると気持ちが楽になるようなものがあれば、これから手をつけるのもよい。

37　遭遇《そうぐう》戦の要訣は先制にあり。これがため、敵に先立ちて戦闘を準備し、有利の状態に軍隊を展開し、戦闘の初動より戦勢を支配すること緊要なり。

遭遇戦―不意に遭遇した部隊間に起きる戦闘。陣地攻撃の場合には、まず敵と離れたところに部隊を集結して待機させ、その間敵状地形を捜索《そうさく》し、攻撃計画を立て、弾薬を集積してから、時機をはかって整斉《せいせい》と攻撃を開始するが、遭遇戦の場合は、行軍隊形から直ちに攻撃の態勢に移る

兵学的には、行軍隊形にある軍隊が直ちに攻撃態勢に移る場合は、不意に遭遇しても、遭遇を予期していても、すべて遭遇戦という。戦闘指揮の要領に変わりがないからである。

38 師団長は速やかに決戦方面を決定し、その企図を所要の部隊に明示せざるべからず。

経営でも、不意の事件に当面したとき、第一番になさねばならないことは「社長の意思を表明すること」で、動揺《どうよう》のほとんどはこれでおさまる。

39 防御陣地を占領せる敵に対しては、機動により、なるべく陣地外に決戦を求むるを可とす。

敵の陣地があるからといって、つねに攻撃しなければならぬというものではない。攻撃するにしても、この場所で攻撃しなければならぬということもない。陣地外に誘い出し、攻めやすいようにしておいてから、攻めるという手もある。

われわれの場合でも、見つかった仕事に何が何でも取りつくようであってはならない。利益の少ない仕事をしないのも、仕事のうちである。

40 防御の主眼は、地形の利用・工事の施設・戦闘準備の周到《しゅうとう》等の物質的利益によって兵力の劣勢を補い、火力および逆襲《ぎゃくしゅう》を併用して、敵の攻撃を破砕《はさい》するにあり。

攻撃行動をともなわない防御というものは成立しない。防御は目的であり、その目的を達成する手段は攻撃行動である。攻者は物を取ろうとする。その手を打ち払うのが防者なのである。防者はじっとしておればよいというものではない。

41 防御はややもすれば全く受動に陥り、行動の自由を失うに至りやすし。

各級指揮官は特に堅確なる意志をもって、勉めて主動的に企図を遂行し、いやしくも乗ずべき隙《すき》を発見せば、機を失せずこれを利用するを要《よう》す。これがため要すれば配備を変更し、また既に築設したる工事を棄《す》つることも躊躇《ちゅうちょ》すべからず。

42

戦勝の効果を完全ならしむる途《みち》は、猛烈果敢なる追撃を実行するにあり。

しかれども、戦勝後における各部隊一般の状態は、ややもすれば眼前の成功に満足し、果敢なる追撃をためらい、ついに功を一簣《いっき》に欠くの弊《へい》に陥りやすし。各級指揮官は強固なる意思をもって追撃を断行するを要す。

戦闘後は勝者の疲労もとより大なりといえども、敗者は体力気力ともに疲労困憊《こんぱい》ほとんど極度に達するものなり。故に勝者はあらゆる困難を克服して、一意《いちい》追撃を敢行し、最終の勝利を全うすべし。この際、各級指揮官は部下に対し、過激なる行動を要求することを辞すべからず。しからざれば、再び多大の犠牲《ぎせい》を払《はら》いて、敵を攻撃するのやむを得ざるに至るものとす。

43
追撃の主眼は、速やかに敵を捕捉して、これを殲滅するにあり。
これがため、広くかつ深く敵方に突進して、退路を遮断《しやだん》し、諸方面より敵を包囲し、もしくは、これを背後連絡線以外に圧迫し、またはその欲せざる地点において、これを捕え、もって敵を撃滅するを要す。

44
退却戦闘指導の主眼は、速やかに敵と離隔するにあり。

45
時間の余裕を得んとする場合、敵を牽制抑留《けんせいよくりゆう》せんとする場合等においては、通常決戦をさけて、持久戦を行う。
持久戦にありては守勢に立つこと多しといえども、攻勢をとるにあらざれば、目的を達成し得ざる場合もまた少なからず。

不況時の経営は持久戦である。しかし持久の目的を達成するためには防御もし、攻撃もする。
持久経営は何もしないというものではない。

付録第二

ガルダ湖畔における
ナポレオンの各個撃破作戦

解説

統帥綱領・統帥参考・作戦要務令は第一次世界大戦（一九一四〜一八年）特にタンネンベルヒ会戦から多くの教訓を取り入れており、タンネンベルヒ会戦の源流はガルダ湖畔《こはん》におけるナポレオンの各個撃破作戦に発している。

統帥綱領・統帥参考・作戦要務令を理解するには、そのバックをなしているこの二戦史を頭に入れておく必要があると思う。タンネンベルヒ会戦については『名将の演出』で述べてあるので、ここではガルダ湖畔の各個撃破作戦の戦史のみを掲《かか》げることにした。

この作戦は、ナポレオンが軍の統帥者となった、その年に演出した出世作で、彼は優位な態勢をもって集中的に進撃してくる一・五倍の名門オーストリア軍を、新戦法を駆使して粉砕《ふんさい》し、全ヨーロッパを唖然《あぜん》とさせ、名将ナポレオンの名声を不動なものにした。

一、ナポレオン軍のイタリア北部進攻

一七九六年三月二日、二十七歳のナポレオンはイタリア方面軍司令官となり、泥《どろ》沼《ぬま》状態に陥っている北部イタリア戦局打開の重任を負って登場した。軍の統帥者としてのナポレオンの初陣《ういじん》である。

彼は北部イタリアのゼノア西方のピードモント平野において攻勢を開始し、オーストリア軍を撃破した後、二五〇キロにわたる追撃戦を敢行し、五月下旬、早くもガルダ湖付近に進出した。

オーストリア軍はミンチオ河の線に踏《ふ》みとどまろうとしたが、五月三十日、ナポレオン軍がボルゲットウ付近にて強行渡河《とか》し、東岸に進撃したため、戦闘を断念して、深くオーストリア領内に退却した。

ナポレオンはアディジェ河の線およびガルダ湖東西の隘路《あいろ》口付近を占領して、敵の反攻に備えるとともに、その掩護《えんご》下に、残存オーストリア軍一万余のたてこもるマントバ要塞《ようさい》を攻略しようとし、次の配備をとった（第35図）。

軍司令部ベロナ西郊

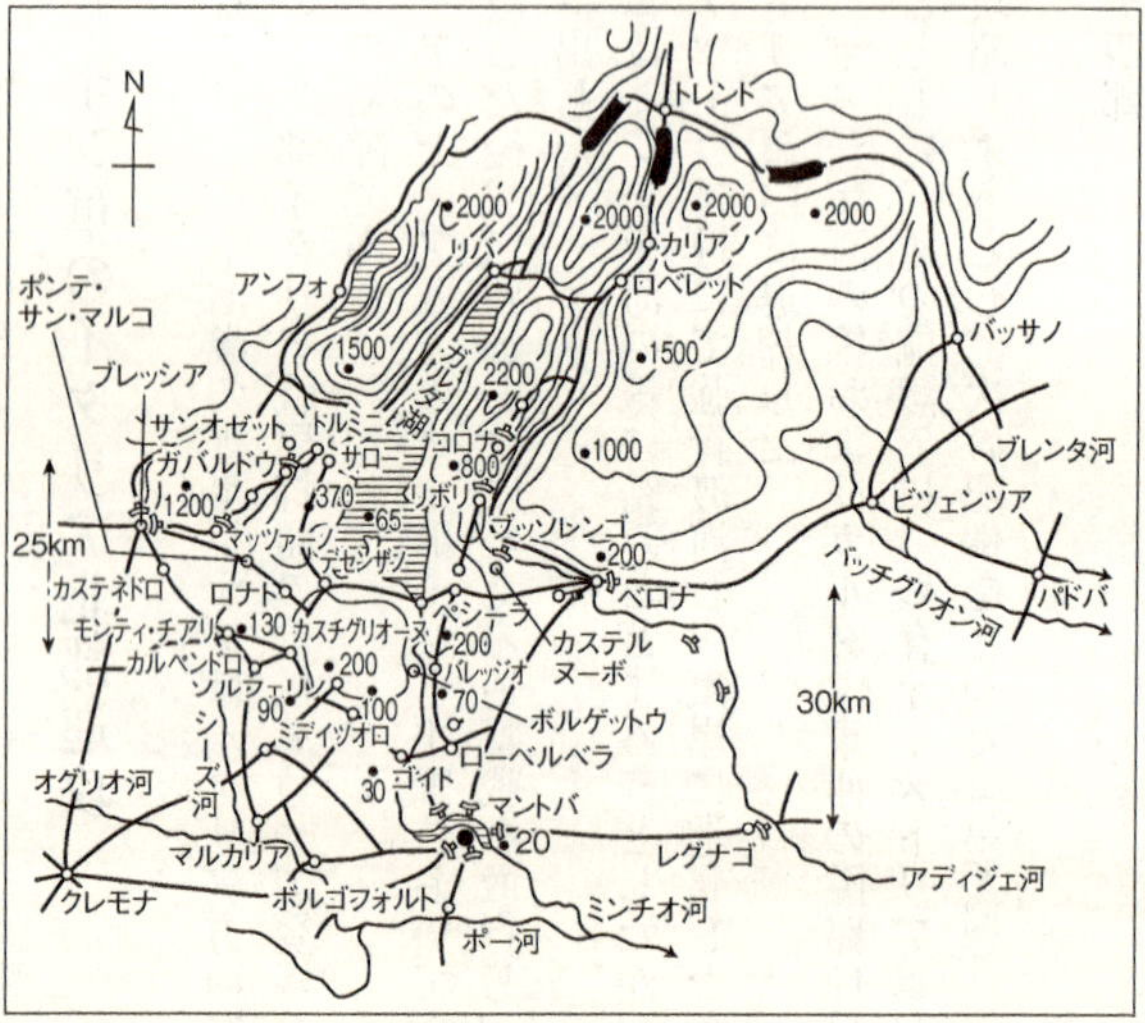

第35図　７月28日の状況

オージロ師団（六千）　レグナゴ。一部をもってマントバ要塞の北正面を封鎖《ふうさ》。

キルマイン騎兵師団（三千）　レグナゴとベロナの中間、アディジェ河の線。

マッセナ師団（一万五千）　主力はリボリ。一部はベロナ、ブッソレンゴ、コロナ（リボリ北方）。

スール師団（五千）　ガルダ湖西側サローー。一部はブレッシア。

セルリエ師団（八千）　マントバ要塞攻撃
デスピネー師団（五千）　ミラノより東進中にて、七月末まではミンチオ河畔に進出予定。

兵力合計　四万二千

ナポレオンは、まずマントバ要塞を攻略し、行動の自由を獲得《かくとく》しようとした。しかし、マントバ要塞は難攻不落《なんこうふらく》を誇る名城で、ミンチオ河下流の湖中にあり、周辺は沼《ぬま》地で、外部から入る道は五条の堤防《ていぼう》だけであり、要塞の構造も極めて堅固である。

ナポレオンは六月中旬、全軍をあげてこれに迫ったが、びくともしない。

二、オーストリア軍の反攻

オーストリア政府はイタリア戦線における度々の敗報に接して、事の重大なるに驚き、名将といわれるウルンゼル（七十二歳）を新軍司令官に特命し、ウルンゼルは五万の大兵を率いて、七月中旬、トレントに進出し、ガルダ湖東西の山地を、三縦隊にわかれて南下しはじめた。

一、メスゼロスの指揮する五千はトレント～バッサノ道
二、ウルンゼルの指揮する主力二万五千はトレント～ベロナ道
三、カスタノウィッツの指揮する二万はトレント～ブレッシア道

七月二十九日、オーストリア軍は攻撃を開始し、コロナおよびサローのフランス軍を撃破し、マッセナ、スール両師団に圧迫を加え、三十日、マッセナ師団はピオベンザーノ（リボリ南方八キロ）付近に、スール師団はデセンザノ付近に後退した。

ただしサローはスール師団の一部が固守し、ブレッシアはカスタノウィッツのオーストリア軍が占領した。

マントバ要塞はあと七～十日間で攻略できる見込みである。

ナポレオンはトレント～バッサノ方面の敵は少数であることを知ったが、トレント～ベロナ道の敵とトレント～ブレッシア道の敵のうち、いずれが主力であるかは不明である。

三、ナポレオン、敵の湖西軍に向かい進撃

七月二十九日、マッセナ師団後退の報を聞いたナポレオンはカステルヌーボ（ベロナ西方十八キロ）に急行するとともに、オージロ師団を、アディジェ河谷《かこく》を北進してオーストリア軍の左（東）側を脅威《きょうい》させ、キルマイン騎兵《きへい》師団とデスピネー師団をカステルヌーボに急行することを命じた。

七月二十九日夜、ナポレオンは諸将をカステルヌーボに集めて「ポー河の南方に退却するかどうか」を議題にして、作戦会議を開いた。

席上、オージロは攻勢をとることを主張したが、諸将の多くは「一時退却すべし」と反論し、ついに決論が出ないままで散会した。ナポレオンの意思は会議前から決まっていた。彼は同夜午前二時、「ミンチオ河を利用して湖東の敵を拒止《きょし》し、主力をもって湖西の敵を攻撃すること」を宣言して、左記要旨《ようし》の命令を下し、とくにオージロを呼んで、直接口達《こうたつ》し、激励《げきれい》した（第36図）。

命令要旨

一、スール師団にデスピネー師団を増加し、湖西の敵を撃破して、サローを奪回《だっかい》

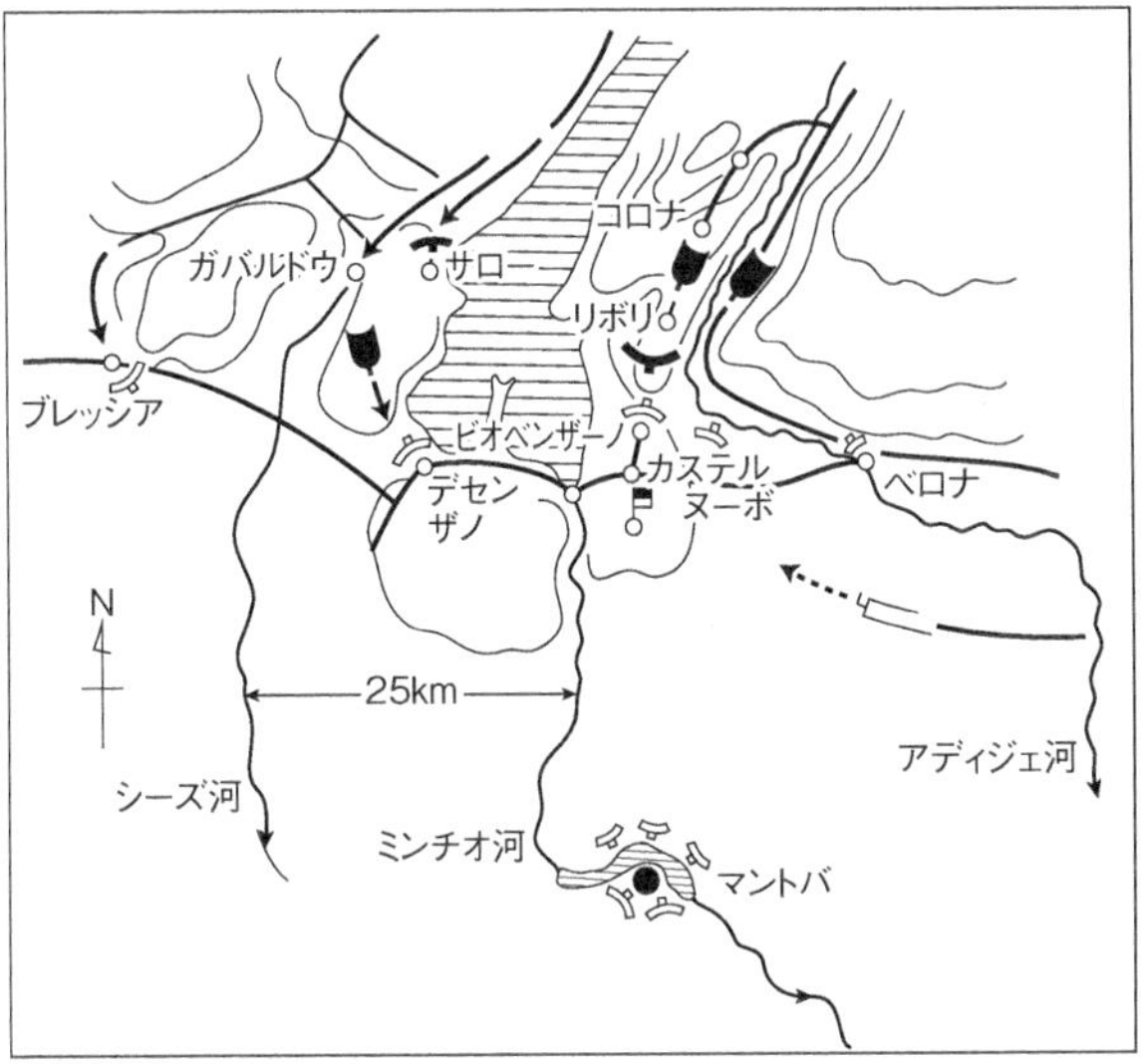

第36図　7月29日の状況

させる。

二、マッセナ師団は、一部をもってミンチオ河岸のペシーラ要塞を固守して後方を掩護し、主力をもってポンテ・サン・マルコ（シーズ河畔《かはん》）に集結させる。

三、オージロ師団は、一部をもってミンチオ河岸の要地を占領して背後を掩護させ、主力をもってモンテイ・チアリ（ポー河南岸）に前進させる。

四、セルリエ師団はマントバ要塞の囲みをといて、西方オグリオ河畔のマルカリア付近に後退し、クレモナ～

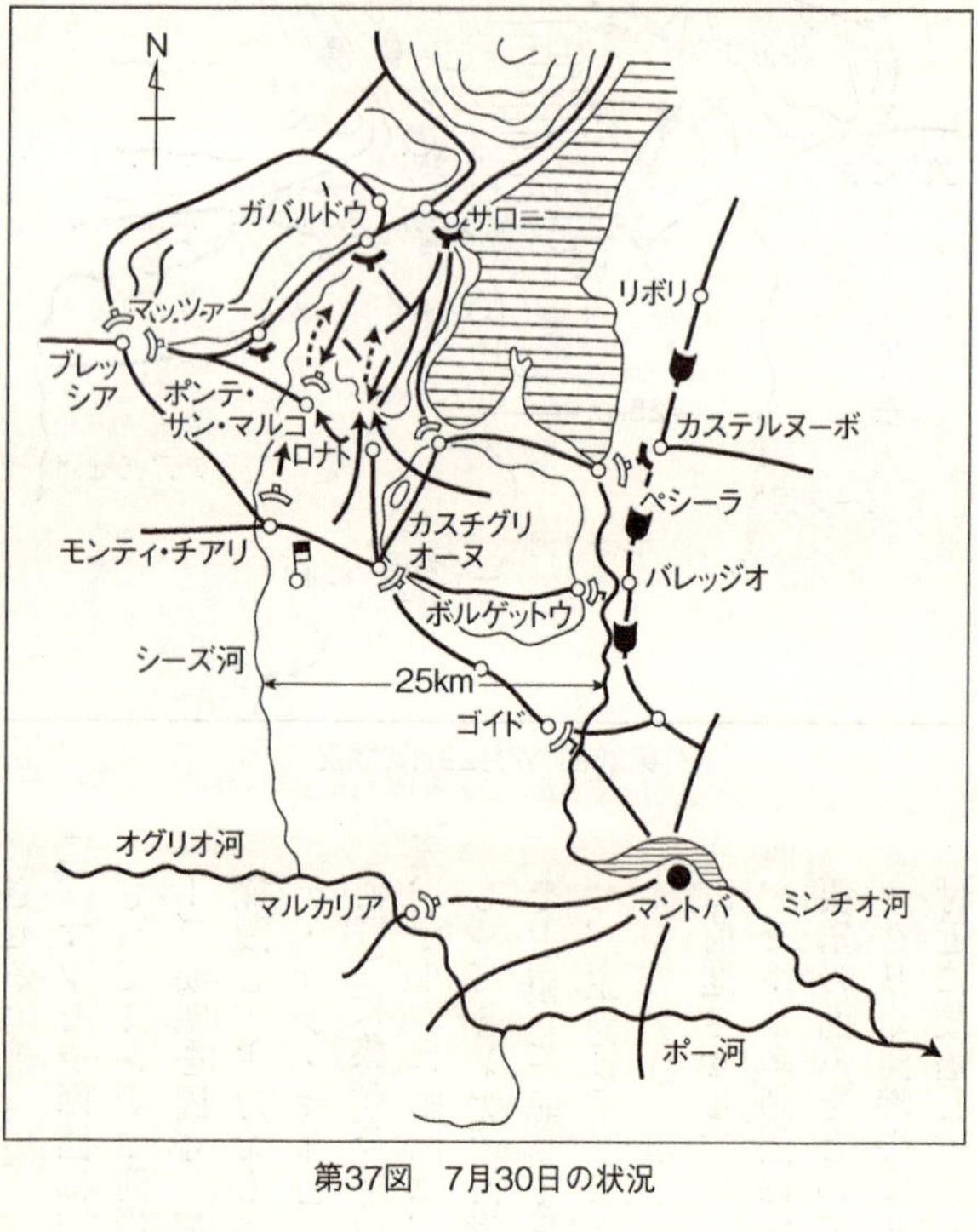

第37図　7月30日の状況

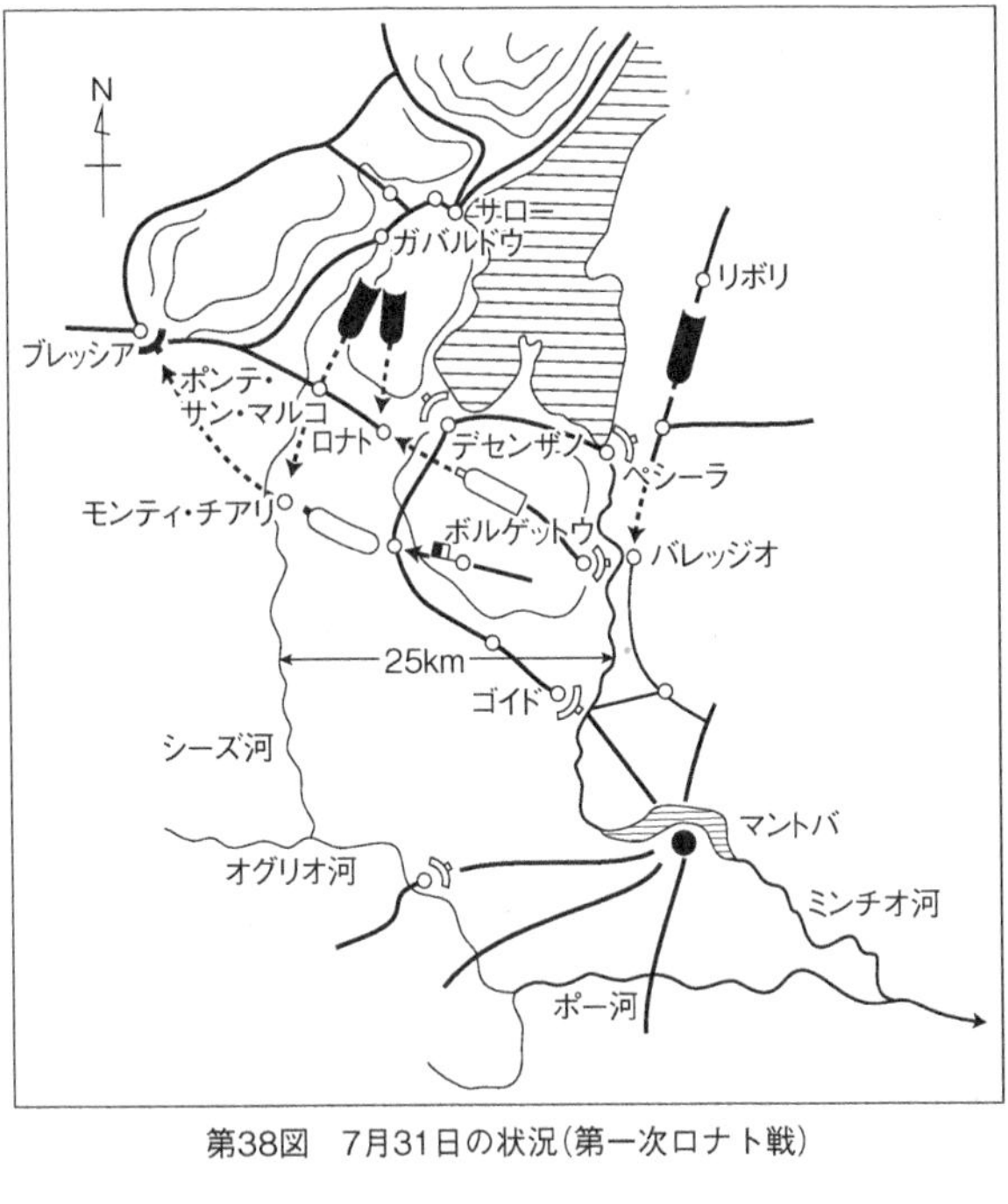

第38図　7月31日の状況(第一次ロナト戦)

ピアツェンツァ（ポー河南岸）の後方連絡線の掩護にあたらせる。携行《けいこう》できない攻城用兵器資材は破棄《はき》させる。

五、軍司令部をモンティ・チアリに前進させる。

三十日湖西のオーストリア軍はサローの戦勝に意気あがり、主力をもってモンティ・チアリ、一部をもってロナトに向かい前進しつつあった。マントバ守備軍は「フランス軍はウルンゼル軍の出現に驚《おどろ》き、西方に潰走《かいそう》した」と判断する。

マッセナ師団は敵の前進を遅滞《ちたい》させつつ、後退し、有力なる一部をペシーラ要塞にとどめ、主力はペシーラおよびボルゲットウにてミンチオ河を渡河しロナトに向かい前進した。

その先頭をもってモンティ・チアリに進出したオージロ師団は、さらにブレッシアに向かい前進を継続する。

三十日、スール師団はサローに向かい急進し、三十一日、サロー固守部隊を救出して、デセンザノに後退する（第38図）。

■第一次ロナト戦

三十一日、マッセナ師団の前衛とデスピネー師団は、ロナト付近において湖西軍を撃破し、ポンテ・サン・マルコに進出する。

三十一日夜、ナポレオンは、デスピネー、オージロの両師団とマッセナ師団の一部を自ら指揮し、カスタノウィッツ軍（オーストリア湖西軍）の主力に向かって進撃し、カスタノウィッツ軍は主力をもってガバルドウ、一部をもってサローとマッツァーノに退却した。

八月一日、オージロ師団は、一部をもってブレッシアを奪還する。師団司令部はモンティ・チアリ。ナポレオン軍司令部はカステネドロ（モンティ・チアリ西北十キロ）（第39図）。

全体としては、オーストリア軍六万に対して四万二千という劣勢のフランス軍も、ロナトの決戦場においてはやや優勢であり、しかも敵は険峻《けんしゅん》な山地を踏破《とうは》して労《つか》れているのに反し、我は十分休養しており、とくに主将ナポレオンが率先垂範《そっせんすいはん》・陣頭指揮をとるという「勢い」をもっている。まさに有形無形の戦力を集中して、敵に優る威力を決戦場に発揮したものであり、寡《か》をもって衆《しゅう》を討つ「局所優勢主義」の典型的な範例《はんれい》である。なお、この放れ業《わざ》を成功させたものに、ナポレオンの参謀が裏方として、縦横に戦場を馳駆《ちく》していることがあるのを見逃せない。

四、第二次ロナト戦および第一次カスチグリオーヌ戦

コロナの戦勝に気をよくしたウルンゼルは、湖東軍を率いて徐々《じょじょ》に平地に降りて来たが、ミンチオ河畔に敵影《てきえい》なきにより、フランス軍は我が勇名と兵力の大なるに畏怖《いふ》し、戦わずしてポー河南岸に退却したものと判断し、八月一日、主力をミンチオ河左（東）岸にそって宿営させ、湖西軍の勝報をまった。

この間、一部はペシーラ要塞を封鎖し、他の一部はミンチオ河下流方面に行動して警戒し、マントバ守備軍の一部は、セルリエ師団の退却に追尾《ついび》してマルカリア（オグリオ河畔）とボルゴフォルトに進出し、多量の攻城用兵器資材を鹵獲《ろかく》して気勢をあげた。

しかるに一日夜にいたり、「ナポレオンはその軍の全力をあげてカスタノウィッツ軍を攻撃し、サロー・ロナト・ブレッシアにおいてこれを撃破した」との急報を得て大いに驚き「翌二日、全軍を率いてゴイド（ミンチオ河畔）に前進する」に決し、前衛に対し「カスチグリオーヌに急進すること」を命令した。

八月二日午後、この前衛はオージロ師団の残置守備隊（将官バレットの指揮する千五百）を撃退して、カスチグリオーヌを占領する（第39・40図）。

第39図　8月1日の状況

八月二日夜、ナポレオンは主力をもって湖西軍を攻撃するに決し、次の命令を下した。

一、スール師団は一部をもってサローを奪回し、ついでガバルドウを東方より攻撃せよ。

二、デスピネー師団は、スール師団一部のサロー攻撃を掩護した後、これと協力してガバルドウにある湖西軍主力を攻撃せよ。

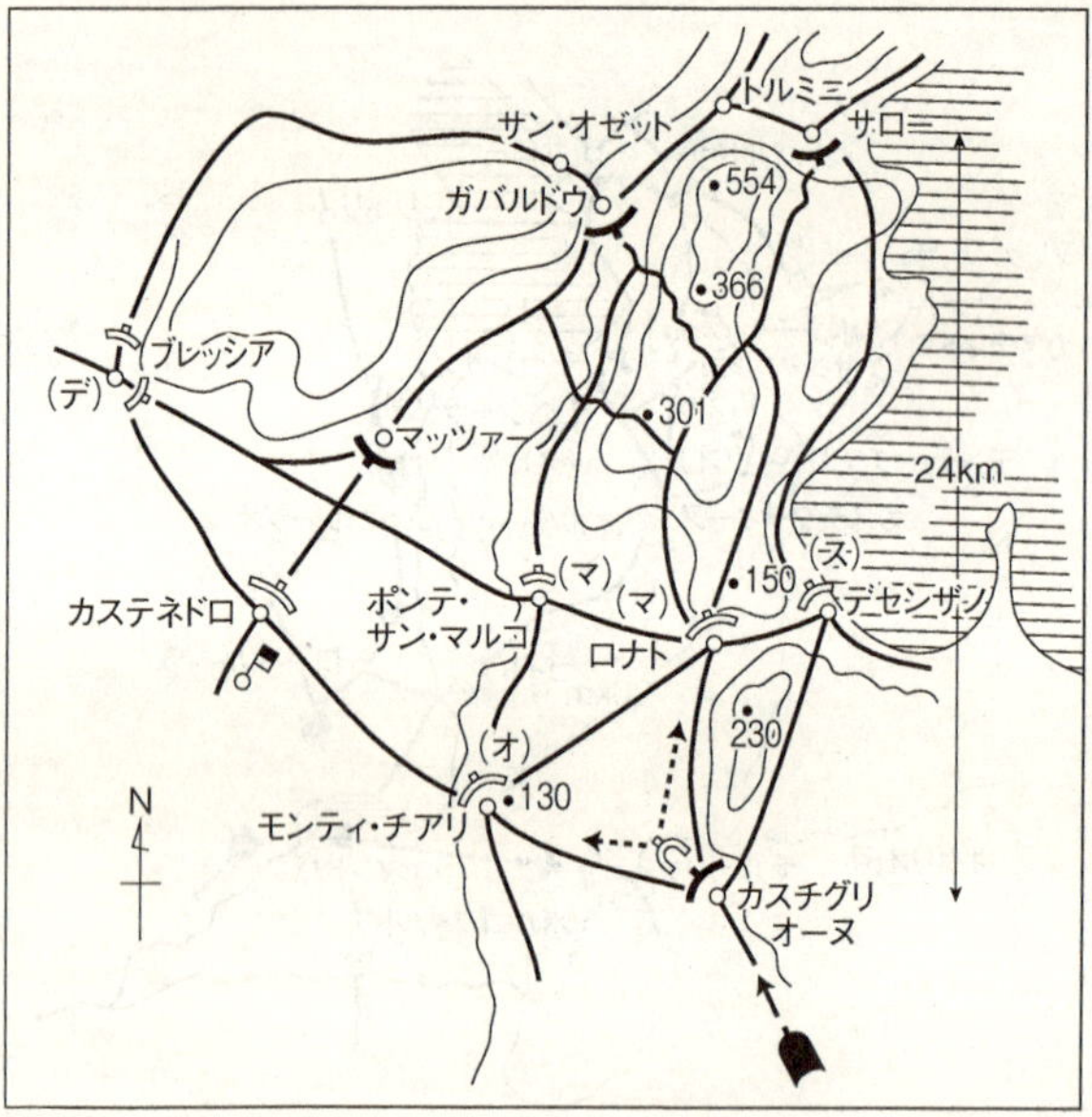

第40図　８月２日の状況

三、ダレマージュ兵団は、スール師団の一部とデスピネー師団の中間を北進し、随時《ずいじ》両兵団に協力しうる態勢をとれ。

四、ヘルバン兵団はなしうればデスピネー師団と協力して湖西軍を攻撃するため、サン・オゼット（ソゼト？）方面より迂回《うかい》して、ガバルドウを攻撃せよ。

五、オージロ師団とキルマイン騎兵師団はウルンゼル軍の西進を遅滞させるため、カスチグリオーヌに前進せよ。

六、マッセナ師団はロナト付近において待機し、必要に応じ両方面のいずれかに、赴援《ふえん》できる態勢をとれ。

八月三日

スール師団の一部（グヨー兵団）は、この朝サローを奪還したが、軍命令をよく理解しなかったため、ガバルドウ攻撃に協力することなし。

デスピネー師団とダレマージュ兵団はガバルドウ攻撃のために北進中、南下してきた湖西軍主力に不意に遭遇《そうぐう》し、恐慌《きょうこう》をおこしてブレッシアに退却。

オーストリア軍の湖西軍司令官カスタノウィッツは、味方のウルンゼル軍前衛が、昨二日午後カスチグリオーヌを占領したことを知り、これと連絡をとるため、三日午前三時にガバルドウを出発し、途中フランス軍（デスピネー師団、ダレマージュ兵団）を撃破しつつ、主力をもってロナト、一部をもってデセンザノに向かい前進する。ロナトに前進した湖西軍主力は、ポンテ・サン・マルコよりロナトに反転中のフランス軍のマッセナ師団の前衛と遭遇し、これを撃破する。

ちょうどこの時、ナポレオンはマッセナ師団の主力を直率して現われ、大胆な中央突破を敢行して、大いに湖西軍主力を撃破し、これを北方ガルダ湖およびデセン

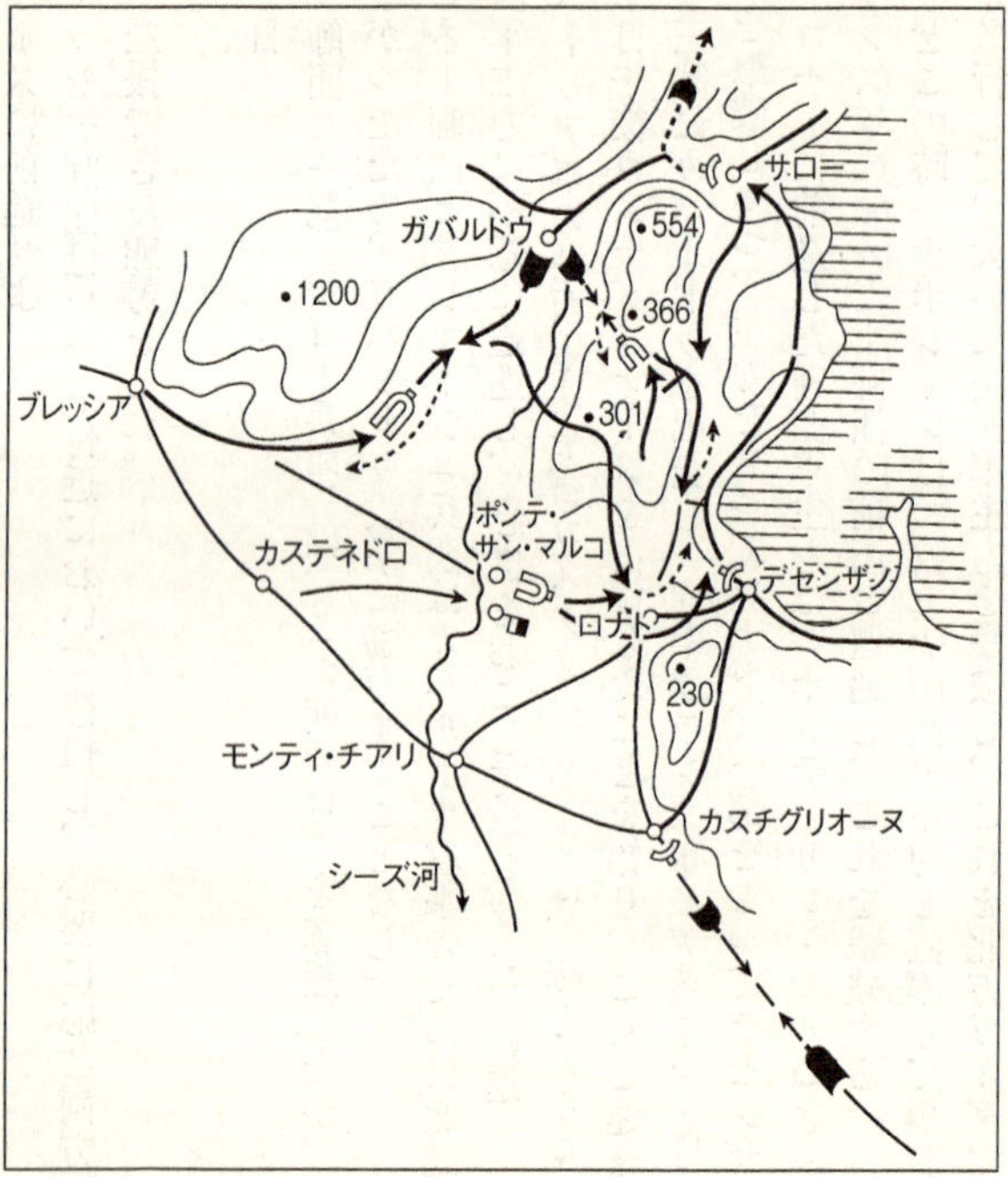

第41図　８月３日の状況（第二次ロナト戦および第一次カスチグリオーヌ戦）

ザノ方向に敗退させた。

湖西軍は、デセンザノに先まわりしたナポレオン直率部隊、追撃するマッセナ師団、サローより南下したグヨー兵団によって、三方面から集中攻撃を受け、甚大《じんだい》な損害を受けてガバルドウ方向に退却した。

この間、東方においては、オージロ師団はウルンゼル軍の先頭師団とカスチグリオーヌにおいて戦い、激戦の後、日没《にちぼつ》頃これを撃退する（第41図）。

ナポレオンは、ウルンゼル軍主力の接近しつつあることを思い、一刻も早く湖西（カスタノウィッツ）軍を撃滅《げきめつ》する必要を痛感し、左記の命令を発した。

一、ブレッシアにあるデスピネー師団に、明四日、湖西軍主力を攻撃することを厳命する。

二、マッセナ師団の一部を明四日、サローにあるグヨー兵団に増加しデスピネー師団と策応して、ガバルドウを攻撃させる。

ナポレオン得意の「局所優勢主義」による、各個撃破戦法の展開である。

五、第二次カスチグリオーヌ戦

八月四日

カスタノウィッツ軍は突然意外な方面（南方、東方、北方）より急襲されて戦意を失い、ガルダ湖北端のリバに向かい退却する（第42図）。

ナポレオンは明五日、主力をもって湖東（ウルンゼル）軍を攻撃するに決し、次の命令を下す。

「セルリエ師団は四日夜、マルカリアを出発して北進し、グイジゾロを経て、本戦に参加せよ」

八月五日

午前六時、セルリエ師団は敵軍背後のグイジゾロ（カスチグリオーヌ東南二十キロ）に進出した。

オージロ師団はカスチグリオーヌの前面に二線の隊形をとり、キルマイン騎兵師団は打撃部隊となって右後方に位置し、マッセナ師団の半数は展開し、残りの半数はまだ縦隊《じゅうたい》のままで左方に位置し、デスピネー師団の数大隊は戦場に到達しつつあった。

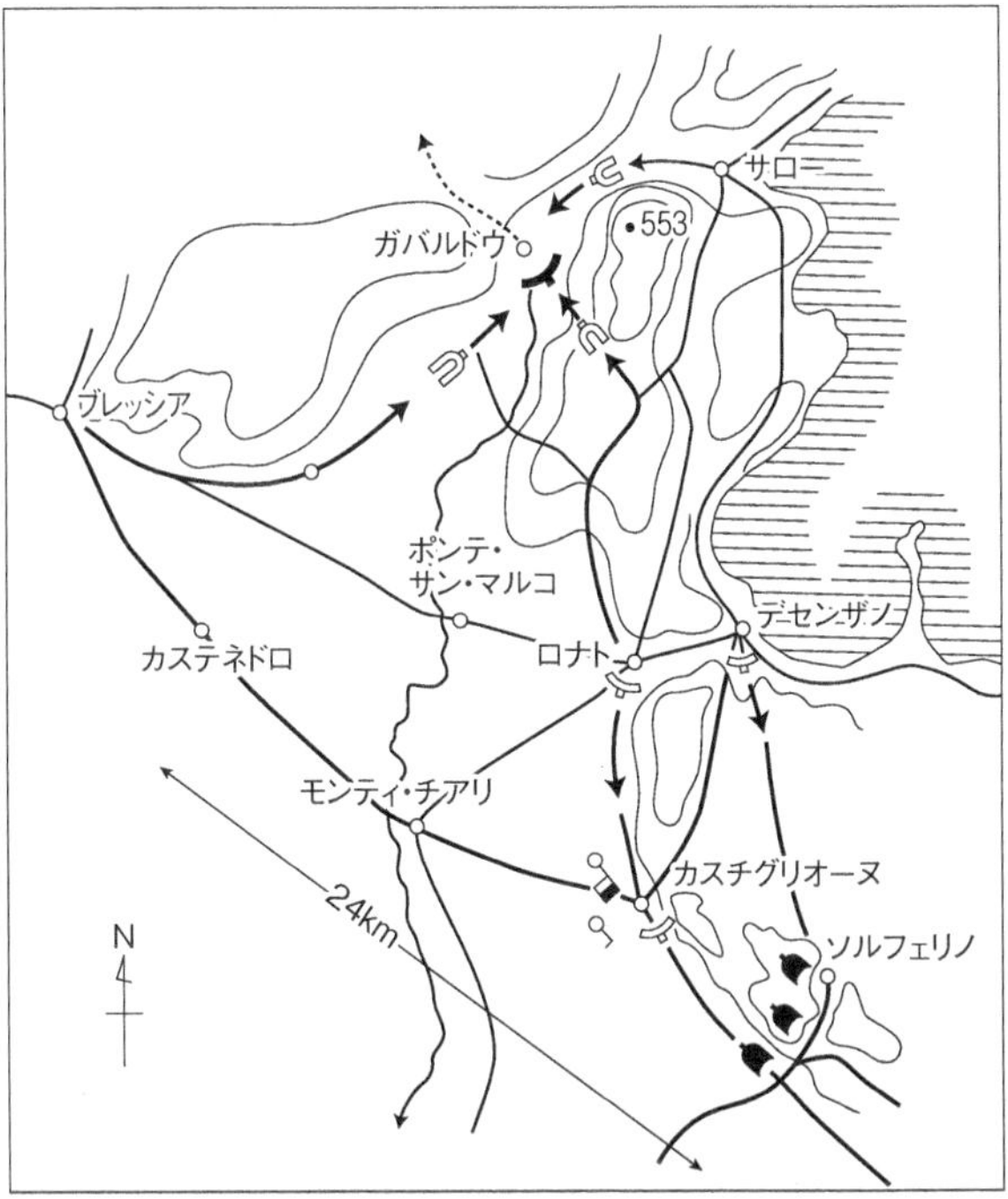

第42図　8月4日の状況

ウルンゼル軍二万五千は、左翼をメドレ円丘《えんきゅう》に、右翼をソルフェリノの市街に托《たく》して（ソルフェリノの西側標高二〇六メートルの高地から南方メドレに流れる制高《せいこう》地帯？）二線の横隊《おうたい》をとって構えている（第43図）。

ナポレオンはオージロ、マッセナ両師団の一部をして陽攻《ようこう》（偽《にせ》の攻撃）させた後、敗北を装って退却させ、敵を誘引《ゆういん》して、その注意をひきつけ、ウルンゼルはこの策に乗って、右翼に重点を移しつつ、マッセナ師団の左（北）を包囲するように進撃した。

ナポレオンはこの機を逸せず、メドレ平地に推進した重砲十二門をもってする猛烈なる支援射撃のもとに、敵の最左翼の角面堡に向かい、近衛歩兵三ヶ大隊、騎兵一ヶ連隊を突進させて、攻陥《こうかん》した。同時にキルマイン騎兵師団は敵の左側背に突進した。

セルリエ師団は、敵に気付かれることなくカブリアナ付近を経て敵の背後に進出し、その司令部を奇襲して、ウルンゼル司令官に迫り、ウルンゼルは危うく身をもって逃がれるという椿事《ちんじ》となり、オーストリア陣は大きく動揺を始めた。

この機を逃がさず、ナポレオンは正面師団に攻撃開始を命じ、オージロ師団は敵の中央を、マッセナ師団は敵の中央と右（北）翼隊の中間を目ざして猛烈に突進し、デスピネー師団から派遣された第四、第五半旅団はソルフェリノの塔《とう》付近の高

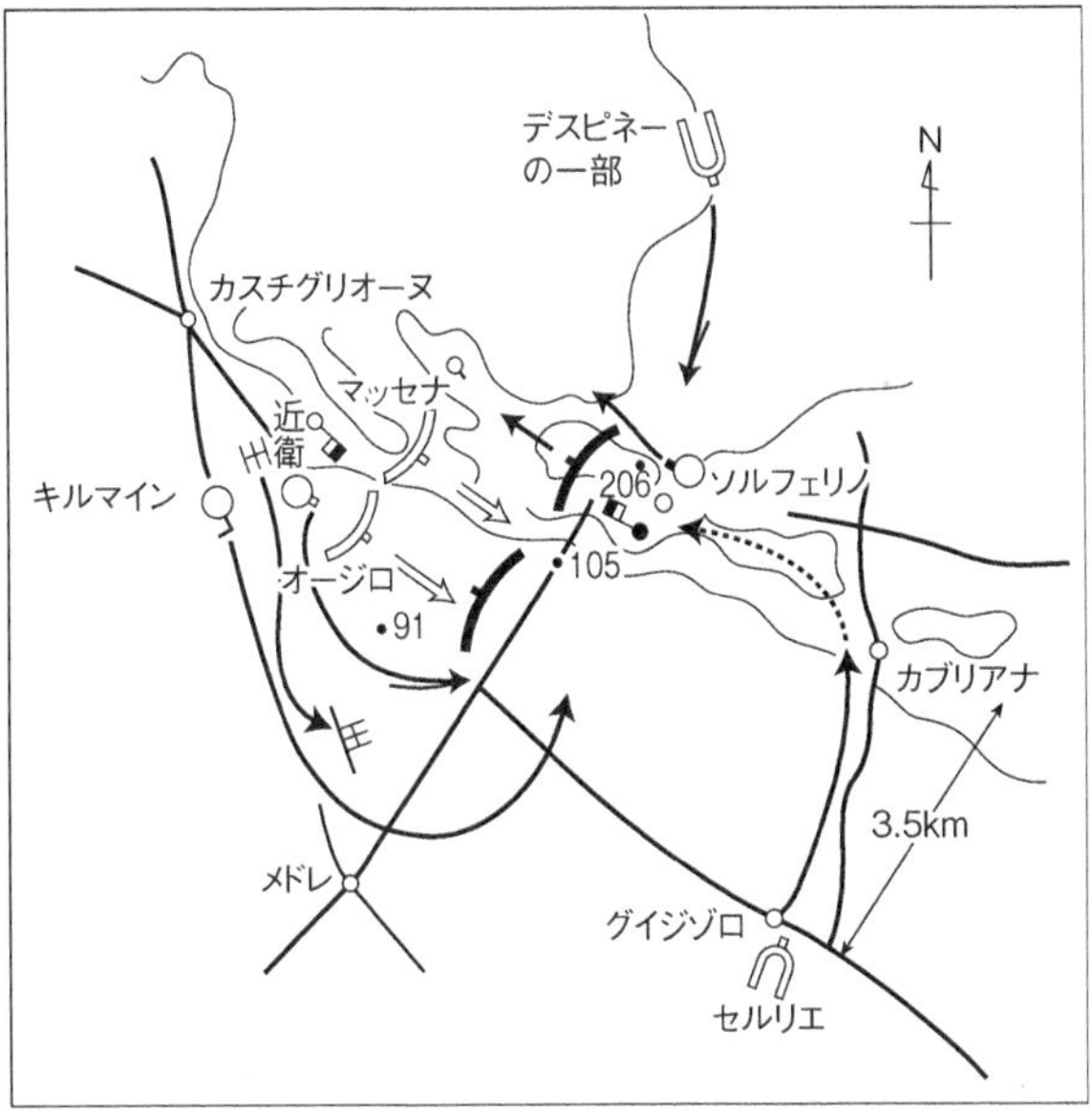

第43図　第二次カスチグリオーヌ戦(8月5日)

地に進出した。

西北、西南、東南の三方面より集中攻撃を受けたオーストリア軍は大損害を受けて東方に潰走し、キルマイン騎兵師団とセルリエ師団の猛追撃に苦しみつつ、辛《かろ》うじてミンチオ河東河に逃がれ、橋梁《きょうりょう》を破壊した。死傷二千、捕虜《ほりょ》千、失った砲二十。

第二次カスチグリオーヌ戦に参加した兵力は、オーストリア軍二万五千に対し、フランス軍は三万に達し、しかも絶対優位な集中攻撃態勢を取っている。「戦略・戦術の妙諦《みょうてい》を演出して、絶妙である」としかいいようがない（第43図）。

ロナト・カスチグリオーヌの戦闘間、ナポレオンはほとんど一睡《いっすい》もすることなく東奔西走《とうほんせいそう》し、乗馬五頭を乗りつぶしたという。

八月六日

ウルンゼル軍は、主力をもってバレッジオに、一部をもってローベルベラおよびペシーラに位置し、カスタノウィッツはガルダ湖北部にあった。

ナポレオンは、分散したオーストリア軍が再び集結して、態勢をととのえる余裕を与えないよう、引き続き六日午前、攻撃を再開するに決し、次の命令を下した（第39図参照）。

一、オージロ師団はボルゲットウ付近に前進し、バレッジオを砲撃して、この付近より渡河する気勢を示し、ウルンゼル軍主力を抑留する。

二、マッセナ師団はオージロ師団の陽攻を利用して、ペシーラで渡河し、当面の敵を攻撃する。

ウルンゼルはベロナ～トレント道を遮断《しゃだん》されることを恐れ、真面目なる戦闘を交えることなく、アディジェ河谷を北方に退却するとともに、マントバ要塞に一万五千の新軍を入れ、従来の守兵と交代させ、数ヶ月分の糧秣《りょうまつ》を補給した（第35図参照）。

八月七日、マッセナ師団はリボリを占領する。ナポレオンとオージロ師団はペシーラに転進してミンチオ河を渡り、ベロナに向かい前進し、午後十時過ぎ、ベロナ要塞を占領する。

セルリエ師団は反転してマントバにいたり、要塞を攻囲する。

八月十一日、マッセナ師団はコロナを奪還する。オージロ師団の一部はアディジェ河左岸河谷を北進して、これを支援しつつ、アラ付近まで敵を撃退する。

八月十二日、スール師団はイドロ湖西岸のアンフォを占領する。

以上により、ナポレオンはカスチグリオーヌの勝利を完全にするとともに、次の戦いのための地歩を確保することができた。

六万二千の優勢を誇ったオーストリアの名門軍隊も、今やすべて一掃《いっそう》され、戦場に姿を見せているものは一兵もない。まさに奇跡である。

六、ガルダ湖畔作戦の日程

ガルダ湖畔の作戦におけるフランス、オーストリア両軍の行動を暦日《れきじつ》をおって整理してみると、とくに次のことを強く感じる。

■常山《じょうさん》の蛇と参謀の活躍

「最高の組織とは？」という弟子の質問に対して、兵法家孫子は「常山の蛇の如し」（五四ページ参照）と答えたが、この表でみるナポレオン軍の活躍ぶりは文字どおり「常山の蛇」であり、オーストリア軍は全くその反対である。

この作戦間のナポレオンの行動を見ると、神出鬼没《しんしゅつきぼつ》で、オーストリア軍にとっては、彼の所在は全くわからず、いつ、どこから飛び出してくるか？　と、ついには恐怖感を覚えるにいたったと思う。味方の師団長たちもまた、首将の所在を索《もと》めるのに困難し、普通の軍隊だったら、大混乱を起こして、戦力を失うところであるが、ナポレオン軍の場合はそうではなかった。

主将は飛燕《ひえん》の如く、各師団は風車《かざぐるま》の如く、東奔西走して奮戦しているにもかかわらず、彼の軍がよく「常山の蛇」のチームワークを発揮することができたのは、弾雨下《だんうか》の戦場を縦横に馳駆《ちく》する参謀群の奮闘によるところが大きく、この作戦の成功は、ナポレオンが開発したライン・スタッフ制による命令戦法の勝利であることがよくわかる。

日	概況	フランス軍			
		ナポレオン	オージロ	キルマイン	マッセナ
			6,000	騎兵 3,000	15,000
七月二十八日まで	トレント方面の敵に備えつつマントバ要塞攻撃。	司令部はベロナ。八千の部隊をカステルヌーボ、ローベルベラに集結。	主力はレグナゴ。一部はマントバ要塞北正面攻撃。	レグナゴ~ベロナ間のアディジェ河畔に配備。	主力はリボリ。一部はベロナ、ブッソレンゴ、コロナ。
七月二十九日	フランス軍二方面より圧倒される。	司令部はカステルヌーボ。師団長を集め、作戦会議を開く。	一部をアディジェ河左岸を北進させ、マッセナ師団の右側を掩護。	全力をカステルヌーボに集結。	午前三時頃攻撃を受け、リボリを放棄し、ピオベンザーノに後退。
七月三十日	湖西軍各個撃破に決す。	午前二時、湖西軍各個撃破を決心して発令。司令部はモンティ・チアリに前進。	一部をボルゲットウに配置。主力はモンティ・チアリに前進し、ブレッシア奪回。	ミンチオ河の線で背面掩護?	一部でペシーラ要塞固守。主力はポンテ・サン・マルコに転進中ロナトで会敵。

オーストリア軍			フランス軍			
マントバ	ウルンゼル	カスタノウィッツ	デスピネー	セルリエ	スール	
10,000	25,000	20,000	5,000	8,000	5,000	
頑強に抗戦中であるが、あと七~十日しかもたないという。	トレント→ベロナ道を南進。（湖東軍）	トレント→ブレッシア道を南進。（湖西軍）	ミラノ（カステルヌーボ西方一三〇キロ）より東進中。月末には戦場到達予定。	マントバ要塞南正面攻撃。	主力はサロー。一部はトルミニ、ガバルドウ、マッツァーノ。	
同上	バルドウ山中の要地コロナ砦を攻略して、リボリを攻撃。	サローのフランス軍を撃破して南進。一部はガバルドウとブレッシア占領。	カステルヌーボに急行。	同上	デセンザノに後退。	
敵は「我が大軍を恐れて敗走した」と誤解。	リボリより南進するも、敵を見ず。	主力はモンティ・チアリ、一部はロナトに向かい前進。	スール師団に協力。前進目標はロナト？	マルカリアへ後退する。背後連絡戦掩護。	サロー回復攻撃。	

日	概況	フランス軍			
		ナポレオン	オージロ	キルマイン	マッセナ
			6,000	騎兵 3,000	15,000
七月三十一日	第一次ロナト戦。	夜、デスピネー師団、オージロ師団、一部のマッセナ師団を率いて、湖西軍主力に迫る。	モンティ・チアリに迫る敵を攻撃する。司令部はモンティ・チアリ。	ミンチオ河の線で主力の背面掩護。	ロナトで敵を撃破し、ポンテ・サン・マルコに進出。
八月一日	敵の湖西軍を逸す。	司令部はカステネドロ。	ブレッシア奪回。一部でカスチグリオーヌを防御。司令部はモンティ・チアリ。	同上	司令部はポンテ・サン・マルコ。
八月二日	敵の湖東軍背後に迫る。ナポレオン軍挟撃のピンチ。	司令部はカステネドロ。主力をもって湖西軍を撃破せんとす。	司令部はモンティ・チアリ。午後カスチグリオーヌを奪われる。	同上	ポンテ・サン・マルコ。

オーストリア軍			フランス軍			
マントバ	ウルンゼル	カスタノウィッツ	デスピネー	セルリエ	スール	
10,000	25,000	20,000	5,000	8,000	5,000	
要塞防衛。	ミンチオ河左岸をマントバに向かい前進。	主力はモンティ・チアリ、一部はロナトに向かい前進。敗れてガバルドウに退却。	ロナトで敵を撃破し、ポンテ・サン・マルコに進出。	マルカリア。	サロー固守部隊を救出し、デセンザノに引きあげる。	
一部を西方マルカリア、南方ボルゴフォルトに進める。	ミンチオ河左岸に沿って宿営。一部はペシーラ要塞監視。夜、湖西軍の敗北を知る。	主力はガバルドウ。	司令部はブレッシア。	マルカリア。	デセンザノ。	
同上	午後、先頭師団はカスチグリオーヌ攻略。	主力はガバルドウ。	ブレッシア。	マルカリア。	デセンザノ。	

日	概況	フランス軍			
		ナポレオン	オージロ	キルマイン	マッセナ
			6,000	騎兵3,000	15,000
八月三日	第二次ロナト戦。第一次カスチグリオーヌ戦。	マッセナ師団主力を指揮し、ロナトにて、湖西軍を撃破。	カスチグリオーヌにてウルンゼル軍先頭師団を撃退。	カスチグリオーヌにてウルンゼル軍先頭師団を撃退。	ロナトに帰還途中、湖西軍主力に遭遇して撃破。
八月四日	湖西軍を撃破し、湖東軍の攻撃を準備す。	カスタノウィッツの退却を知る。司令部はカスチグリオーヌ。	カスチグリオーヌ。	カスチグリオーヌ。	一部をもって、ガバルドウ攻撃。主力はカスチグリオーヌへ向かう。
八月五日	第二次カスチグリオーヌ戦（決戦）。	主力をもって、湖東軍を撃破し、ミンチオ河に追撃。司令部はカスチグリオーヌ東方。	湖東軍の中央正面に突進。	湖東軍の左（南）側背を攻撃。	湖東軍の中央と右（北）翼間に突進。

オーストリア軍			フランス軍			
マントバ	ウルンゼル	カスタノウィッツ	デスピネー	セルリエ	スール	
10,000	25,000	20,000	5,000	8,000	5,000	
主力は要塞防衛。一部はマルカリアとボルゴフォルトに進出。	先頭師団カスチグリオーヌより敗退。主力はこれを収容して、反攻準備。	午前三時、ロナトに進撃、大敗して、ガバルドウに帰る。	ガバルドウ攻撃のため北進中、湖西軍主力に遭遇して敗退。	マルカリア。	一部をもってサロー奪回に成功。主力はデセンザノ。	
同上	ソルフェリノ付近に進出。	三方面から奇襲されて戦意を失い、ガルダ湖北側に退却。	ガバルドウ攻撃。	夜間出発し、グイジゾロ方向に前進。	サローよりガバルドウ攻撃。	
同上	ソルフェリノ付近で完敗し、ミンチオ河東岸に逃がれる。	ガルダ湖北側。	一部をソルフェリノに派遣し、主力の攻撃に参加。	午前六時頃、グイジゾロに進出、午前九時頃、湖東軍の背面を攻撃。	サローおよびガバルドウ。	

日	概況	フランス軍			
		ナポレオン	オージロ	キルマイン	マッセナ
			6,000	騎兵3,000	15,000
八月六日	主力をもって、ミンチオ河渡河。	司令部はベロナ。	ボルゲットウ付近で渡河の勢いを示した後、ペシーラを経て、ベロナに前進。	ボルゲットウおよびペシーラ（？）。	ペシーラ付近でミンチオ河を渡河し、攻撃。
八月七日以後	態勢をととのえる。	司令部はベロナ。	アディジェ河左岸を北進し、十一日頃、アラに進出。	ベロナ付近。	七日、リボリに向かって前進し、十一日、コロナ奪回。

オーストリア軍			フランス軍			
マントバ	ウルンゼル	カスタノウィッツ	デスピネー	セルリエ	スール	
10,000	25,000	20,000	5,000	8,000	5,000	
新部隊一万五千と交代し、要塞固守。	アディジェ河谷を北方に退却。コロナ砦を保持。	ガルダ湖北部に集結。	デセンザノ（?）。	ソルフェリノ（?）。	サローおよびガバルドウ。	
同上	アラ以北に退却。	同上	ペシーラおよびベロナ（?）。	マントバ封鎖。	湖西を進撃し、十二日、イドロ湖西岸のアンフォ占領。	

■作戦開始にあたり、将兵を熱狂させたナポレオンの雄弁

昔ハンニバルはアルプスを踏破《とうは》したが、今われわれはこれを迂回《うかい》した。諸君はさきには窮乏《きゅうぼう》に苦しんだが、今や希望はみたされた。われわれは十五日間に六たび戦って六たび勝ち、軍旗二十一、大砲五十五、捕虜一万五千を得た。諸君は砲なくして敵と戦い、橋なくして河を渡り、靴《くつ》なくして遠く行き、パンなくして露営《ろえい》し、酒なくして士気旺盛《おうせい》であった。

しかし諸君！　戦いはこれからだ。ぶどう酒《しゅ》流れるポー河、ダイヤモンドに飾《かざ》られたミラノ、それらは眼下にあるではないか。予はさらに諸君を戦勝に導かん。予とともに来たれー。

■ナポレオンの名言

＊　戦略は、時間と場所とに関する学問である。
そして、予は場所は惜しまないが、時間を惜しむ。

＊　密接なる連絡を保つことなく軍を分進させることは第一の過失であり、これはさらに第二、第三の過失を誘発《ゆうはつ》する。

＊　前進方向を誤った軍隊は滅亡する。

＊　予はわが兵力を、ある戦線では過大に、ある戦線では過少に装った。

＊　予は決戦場に戦力を集中した。

＊　私は天才ではない。天才的といわれる私の名作戦も反省と瞑想《めいそう》の所産にすぎない。

七、この作戦の教訓

ガルダ湖畔の戦いは、天才将帥《しょうすい》ナポレオンが、優勢なるオーストリア軍を、苦もなく一蹴《いっしゅう》した各個撃破作戦の好戦例と教えられてきたが、前記のように突っこんで研究してみると、決してそんな甘い話ではないことがわかる。

オーストリア軍も善戦しており、勝敗は紙一重の差で、一歩誤ればナポレオンの完敗となりかねないものがあったのである。

ナポレオンの欠点はファイン・プレーの多いことである。ファイン・プレーが悪いというのではない。「ファイン・プレーを使わなくてはならぬような事態」にまで陥ることがいけないのである。またファイン・プレーは多くの場合、危険をともなうから困る。ファイン・プレーの前にはミスがあり、ファイン・プレーは同時に冒険なのであるから、一国の運命を双肩《そうけん》に担う将帥としては、ファイン・プレーを使わないですます工夫、とくに「先見の明」を必要とする。ガルダ湖畔におけるナポレオンなど、思えば実に危ういものであった。二十七歳当時の彼にはわからなかったと思うが、後年になって、当時を回顧した彼は、文字どおり冷汗三斗《れいかんさんと》の思いをしたであろう。しかし彼は全く幸運であり、することなすことのすべてが「つい

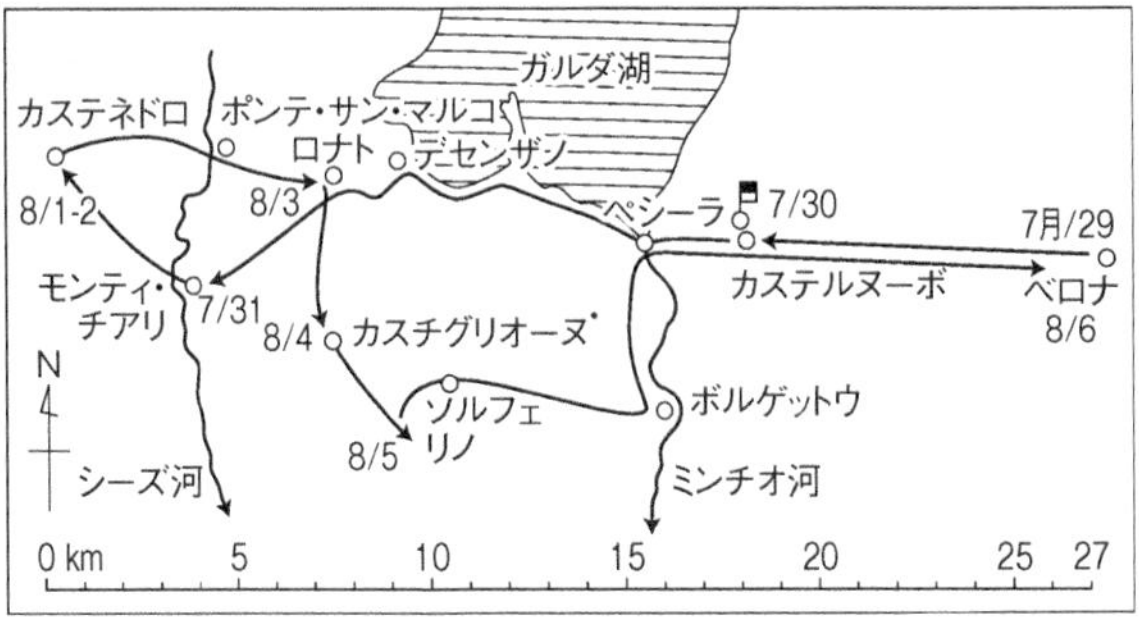

第44図　ナポレオンの軌跡

て」いた。

　このときの彼の作戦指導はまさに絶品であるが、仔細《しさい》に検討するとドレスデン会戦（『名将の演出』七七ページ参照）におけるナポレオンの悲運はすでにこのときはっきりと萌芽《ほうが》を見せている。彼のやり方は、自身と部下将兵の体力気力を磨《す》り減らしてしまうことと、広大な戦場における大部隊の作戦指導には通用しないことは誰にもわかり（第44図）、こんなことを十七年間（一七九六〜一八一三年）もつづけ、兵力十倍、戦場の広さが五倍以上にもなっているのに、やり方を変えなければ、破綻《はたん》を来たすのはあたりまえである。

　しかし、これが表面に現われるのは後年のことで、当面、ナポレオンはその若さと天才に物を言わして驀進《まいしん》し、またたく間に全ヨーロッパを席捲《せっけん》してしまうのである。

　さて、ガルダ湖畔の戦いの勝敗を決したものは

「遊兵の多少」である。これだけは幸運によるものではなく、全くナポレオンの才能と努力によるものである。

全作戦間ナポレオン軍にはほとんど遊兵がなく、つねに四万二千をフルに活動させているのに反し、オーストリア軍には遊兵が多く、六万中戦っていたのは二万〜二万五千にすぎず、とくにメスゼロス兵団五千とマントバの守兵一万は終始遊んでいた。

第一次・第二次ロナト戦の遊兵

ウルンゼル軍　二万五千
マントバ守兵　一万
メスゼロス兵団　五千
計四万（戦闘部隊　二万）

カスチグリオーヌ戦

カスタノウィッツ軍　二万
マントバ守兵　一万
メスゼロス兵団　五千
計三万五千（戦闘部隊　二万五千）

従って、全体としては優勢なオーストリア軍も、決戦場においてはつねに劣勢であり、ナポレオンに勝を奪われたのは当然の帰結であった。

考えてみれば、ガルダ湖作戦のような目まぐるしく戦勢の変転する中で、遊兵を作らないということは至難のわざで、そこがナポレオンが天才といわれるところであるが、それだからといって、どうも彼の「勘《かん》」だけのものではなさそうである。

私は、彼が開発したライン・スタッフ制に鍵《かぎ》があり、とくにスタッフすなわち参謀の活躍がなくては、あのような指揮はできないと思う。

ナポレオンは参謀をもっていたが、ウルンゼルは参謀をもっていなかった。これがガルダ湖作戦の勝敗を決したものに違いない。

一七九六年三月からこの頃にわたるイタリア戦線におけるナポレオンの作戦は、織田信長の桶狭間《おけはざま》合戦、豊臣秀吉の山崎・賤ヶ岳《しずがたけ》合戦に相応する、武将としての人生初動期における放れ業である。

社会的信望がなく、とくに部下の信頼を得ていない者が、組織を率いて世に出るためには、このような演出は必要であり、効果的ではあるが、これはいつまでもつづけるものではない。エンジンがかかっているのにいつまでも始動モーターをまわしていてはいけないのであり、この点、信長も秀吉もよく心得ていて、その後の彼らにはファイン・プレーはないのである。

ところがナポレオンはその後、十数年間も始動モーターをまわし続けていた。これが彼の没落した原因である。ナポレオンはこのあたりで『孫子』を読まねばならなかったのである。事実、ナポレオンは後年にいたって『孫子』を手にし、「もっと早くこの本を知っていたならば……」と詠嘆《えいたん》したというが、まさにそのとおりである。彼が知らねばならなかった『孫子』は、次のようなものであろう。

＊戦い勝ちて、天下善なりというのは、善の善なるものにあらず。（孫子）

＊善《よ》く戦う者の勝つや、智名《ちめい》もなく勇功もなし。（孫子）

＊百戦百勝は善の善なるものにあらず、戦わずして人の兵を屈《くっ》するのが、善の善なるものなり。（孫子）

＊戦い勝ち、攻めとりて、しかもその功を修めざるものは凶《きょう》（失敗）なり。（孫子）

あとがき

統帥綱領と統帥参考は軍事機密（極秘）書類であったために、敗戦時滅失《めっしつ》の危機にあったが、幸いにして、陸軍将校の社交クラブたる財団法人偕行社《かいこうしゃ》有志の熱意により、昭和三十七年十二月に『統帥綱領・統帥参考』として復刻された。しかし採算がとれず、出版を担当した産業図書（株）では、社長の光森勇雄氏の責任問題が起こるなどの不幸さえあった。

昭和四十六年、私は、偕行社の理事長として、この二書を現代に生かし、後世に伝える責任を感じ、一念発起《いちねんほっき》した。損失は全部私個人で引き受ける覚悟で「たとい命を縮めても……の思いで書いているのだから」と、知人の建帛社《けんぱくしゃ》社長筑紫義男氏に頼みこみ、無理矢理に刊行してもらったのが、大橋武夫解説の『統帥綱領』である。これには、軍人以外の方の理解に資するため、二百五十ページ余の説明と参考資料をつけた。

しかし、発刊の結果は予想に反し、私の命を縮めるどころか、私が倒産会社を再建し、敗戦後の波乱期を乗り切って生きのびる経営のために、大きく貢献してく

村上啓作中将

鈴木率道中将

れ、本そのものも、八年後の今日にいたるまで着実にロングセラーを続けている。そしてこの頃、この本の真価が漸次《ぜんじ》衆知されるにともない「もっと気安く読める導入書を出してほしい」という要望が多くなったので、これに感謝し、お応えする意味で書いたのが、この本である。

この前のときもそうであったが、この本の執筆をしている間に、つくづくと先輩に対する尊敬と感謝の念を深くした。

統帥綱領の主なる起案者といわれる鈴木率《より》道《みち》氏は、私が北支那駐屯《ちゆうとん》軍の砲兵連隊中隊長（天津《てんしん》）時代の連隊長で、ともに戦火を潜《くぐ》った印象の深い先輩である。参謀本部の作戦課長から、国軍最尖端《さいせんたん》の連隊長を志願して来られただけあって、有能にして気力充実し、その訓練も「一もって十に当たる」を目途《もくと》とし、適切であったため、われわれは昭和十二年七月の開戦劈頭《へきとう》から存分に活躍をすることができた。前掲の写真は、連隊長スタッフだった斉藤覚吉氏の提供によるものである。

統帥参考の編纂《へんさん》主任者といわれる村上啓作《けいさく》氏にはお会いしたことはないが、統帥綱領が教令（いろいろ方法もあろうが、日本軍はこの手でいくという、一種の命令）であるのに対し、統帥参考は兵学の書であるために、利用範囲が広いので、私にとってはとくにありがたい先輩である。昨年幸運にも、氏の写真を手に入れることができたので、ここに掲《かか》げて、敬意と謝意を表したい。

なお、軍消滅後三十余年もたって、この両書が世に出ることは、今はほとんど亡くなられている関係者の方々にとっては大変嬉しいことであろうと、ご同慶《どうけい》にたえないが、あの洞察力をもった先輩方も、このような目的のために珍重《ちんちょう》されるようになろうとは、夢にも思われなかったことであろうと、その意外そうな顔付を想像し、感慨無量《かんがいむりょう》である。

昭和五十四年三月

大橋武夫

索引

あ

い

う

お

か

念を破壊した者の手に帰する。 123

＊会戦間、彼我の危機はしばしば戦線各所に発生し、軍隊は一勝一敗の間に浮沈《ふちん》し、統帥部は悲観と楽観の波にゆられ、戦勝の光明は明滅《めいめつ》して定まらないのが常態である。 127

＊会戦地は、作戦方針にもとづき、最も有利なる条件のもとに決戦を求め、最大の戦果を獲得できるような地域に選定する。 128

＊会戦の進行にともなう、状況の変化に応じて、将帥は適時適切なる決心をもって、既定の方策を至当に修正または変更し、戦機に投ずるとともに、方策の根本目的を逸しないことが緊要《きんよう》である。 138・139

＊会戦場裡においては彼我の過失錯誤が重畳交錯《ちょうじょうこうさく》す。 143

＊過失錯誤 143

＊外線作戦は敵に殲滅《せんめつ》的打撃を与うるに便なり。 181

＊会戦の目的は敵を圧倒殲滅《せんめつ》し、もって優勝の地位を確保するにあり。 191

＊攻勢は会戦の目的を達する唯一の要道たり。 191

＊会戦指導の要は、常に不利なる作戦を敵に強《し》い、至短の期日に甚大《じんだい》の戦果を収むるにあり。 191・192

＊会戦指導に関する方策 193

＊会戦地は常に我が行動の自由を獲得し、ことに企画する作戦の要求に適応せしむるを主眼と

く

け

＊計画と実行の間には大きな隙《すき》がある。 32
＊決心は、作戦または会戦の指導に関する確固たる信念に立脚《りつきやく》し、純一鮮明にして、一点の混《こん》濁《だく》暗影を含まず、しかも戦機に投じなくてはならない。 110
＊決心の機を失するときは、先制主動権を喪失する。 111
＊決心すなわち意思決定は重大であり、指揮とは、決心を準備し、決心し、決心を実行に移す作業といえる。 111
＊形態の分散と努力の集中の適否は、会戦の勝敗に関する。 141
＊経営にも持久作戦がある。 154
＊現代の戦争は、ややもすれば、国力の全幅《ぜんぷく》を傾倒《けいとう》して、なおかつ勝敗を決し能わざるにいたる。 171
＊決戦の時機は一般の状況・会戦初期の機動に要する時日の長短・敵情・季節等を考慮してこれを決定す。 195

こ

＊国家戦略 27
＊古来、卓越した将帥は博学多識な将校（知識があるだけの幹部）の中からは出ていない。

＊攻勢は衆人の意思を求心的に活動させ、守勢は離心《りしん》的に活動させる特性がある。　63
34

＊攻勢は兵力を消耗《しょうもう》する不利があるが、諸隊の努力を集中し、遊兵を少なくする点に大きな利益がある。　78

＊事をなしとげる秘訣は、一時に、ただ一事をなすにある。　100

＊古来、統帥の失敗は反動心理の衝動《しょうどう》にもとづくことが多い。　113

＊攻撃に自由、防御に遊兵　119

＊攻撃は求心、防御は離心　120

＊古来、成功した戦闘・会戦で、なんらかの意味において奇襲していないものはない。　125

＊攻撃の重点は、状況とくに地形を判断し、敵の弱点もしくは苦痛とする方向に指向す。　133

＊事は予想どおり正しく現われているのに、全然予想が外れたように見えることが多い。　140

＊巧妙《こうみょう》適切なる宣伝謀略《ぼうりゃく》は作戦指導に貢献すること少なからず。　175

＊高級指揮官は大勢を達観し、適時適切なる決心をなさざるべからず。　177

＊高級指揮官は常にその態度に留意し、ことに難局にあたりては、泰然《たいぜん》動かず、沈着《ちんちゃく》機に処するを要す。　178

＊高級指揮官は、予めよく部下の識能および性格を鑑別《かんべつ》して、適材を適所に配置し、たとい能力秀《ひい》でざる者といえども、必ずこれに任所を得しめ、もってその全能力を発揮せしむること肝

要なり。　179

＊高級指揮官は用兵一般の方法に通ずるのみならず、我が軍の真価を知悉《ちしつ》し、予想する敵国および敵軍ならびに作戦地の事情に詳《つまび》らかならざるべからず。　179

＊高級指揮官の発する命令は、部下兵団の大なるに従い、各兵団共通の目的と協同動作に必要なる準縄《じゅんじょう》を明示することを主とし、各兵団に独断専行の余地を与えて、遺憾《いかん》なくその全能力を発揮せしむるを要す。　183

＊高級指揮官の位置　185・186

＊高級指揮官は作戦指導にあたり、身を細務の外におき、策案ならびに大局の指導に専念せざるべからず。　188

＊攻勢は会戦の目的を達する唯一の要道《ようどう》たり。　191

＊攻勢移転　201

さ

＊策をもって準備せられた被統帥者の精神の効果は一時的で、しかも後日必ず反動がある。　71

＊作戦は、国家の戦争行為の最も重要部位を占めるもので、戦争の運命の大半は作戦の成否によって決する。　72

＊作戦目標は、いやしくも敵が整備せる武力を有する以上、まずこれに指向するを通常とする。状況により、まず戦略・政略上の要地を作戦目標とすることあり。 74

＊作戦の指導と相まち、敵軍もしくは作戦地の住民に対し、一貫した方針にもとづいて、巧妙適切なる宣伝・謀略を行い、敵軍戦力の崩壊を企図することが必要である。 76

＊策士策に敗れる。 79

＊作戦または会戦の指導に関する方針は、現況に応ずる逐次《ちくじ》の決心により実行に移される。決心すなわち意思決定は重大であり、指揮とは、決心を準備し、決心し、決心を実行に移す作業といえる。 111

＊最初の一撃を持ちこたえよ。 125

＊作戦方向 142

＊作戦は政略と緊密《きんみつ》なる協調を保ち、殊に赫々《かっかく》たる戦勝により、政略の指導に威力ある支撑《しとう》を得しむること肝要なり。 172

＊作戦指導は、政略上の利便に随従《ずいじゅう》することなきはもちろん、その実施に当たりては、全然独立し、拘束《こうそく》されることなきを要す。 172

＊作戦指導の本旨《ほんし》は、攻勢をもって、速やかに敵軍の戦力を撃滅するにあり。 172

＊作戦指導の要は、卓越せる統帥と敏活《びんかつ》なる機動とをもって、敵に対し常に主動の地位を占め、最も有利なる条件のもとに決戦を促し、偉大なる戦勝を収めて、速やかに戦局の終結を図

るにあり。　181
＊作戦軍兵力の増大にともない、戦場の全局もしくは各方面において、しばしば外線および内線作戦発生す。　181
＊作戦計画　182・183・193
＊策動　196

し

＊常山《じょうざん》の蛇　27・54
＊将帥の責務はあらゆる状況を制して、戦勝を獲得するにあり。　27
＊将帥の価値は、その責任感と信念との失われたる瞬間において消滅す。　27
＊死生の巷《ちまた》において一事を遂行する力を有するものは、知識にあらずして信念なり。　33
＊将帥の具備すべき資性としては、堅確《けんかく》強烈なる意志およびその実行力を第一とす。　34
＊将帥は事務の圏外に立ち、超然《ちょうぜん》として常に大勢の推移を達観す。　37
＊将帥には、責任を恐れざる勇気と、幕僚《ばくりょう》を信任する度胸とを必要とす。　37
＊将は専ら旗鼓《きこ》を司るのみ。難に臨み疑を決す。　38
＊将軍の事は静にして幽《ゆう》なり。　38
＊将帥は部下の努力を有意義に運用し、徒労に帰せしめざる責任を有す。　39

＊将は還令《かんれい》（命令変更）することなし。　39
＊指揮官は一度定めたる決心はみだりにこれを変更すべからず。　39
＊将は楽しむべくして、憂《うれ》うべからず。将憂うれば内外信ぜず。　43
＊指揮官の価値の現われるとき。　43
＊失敗したる会戦の跡を探究するに、多くの場合、重大なる時期に遊兵がある。　78
＊諸策案・諸計画策定の眼目は、その目的を確立することである。　87
＊正面作戦は通常大なる成果を獲得するに適しない。　93
＊仕事の効果をあげる第一条件は、努力の集中である。　100
＊指揮官の決心は実に統帥の根源である。　110
＊純一鮮明を欠く決心は部下に徹底せず、衆心を帰一することができず、従って衆力は分散する。　110
＊指揮とは、決心を準備し、決心し、決心を実行に移す作業といえる。　111
＊社長は決心の機関である。そして、社長の決心は企業の運命を左右する。　111
＊将帥は、心に不動の羅針盤《らしんばん》を持たねばならない。　113
＊勝利は物質的破壊によって得られるものではなく、敵の勝利の希望を破壊することによって得られる。　124
＊主決戦方面は主として戦略上の考慮のほか、必要に応じ、政略関係をも考慮して、これを決

定する。 132・133

＊将帥は適切なる方策と周到なる準備とをもって、会戦の初動の時期より有利なる態勢を占め、主動的にその方策の遂行に努力する。 138

＊情報が多ければ判断が楽だ、というものではない。心配の種を増すだけのものもある。 139

＊持久作戦とは、戦略的に時日の余裕をうることを目的とする作戦をいう。 152

＊持久作戦指導の適否は全局の成敗に影響することが大きい。 152

＊時間の余裕を得んとする場合、敵を牽制抑留せんとする場合等においては、通常決戦をさけて、持久戦を行う。 152

＊持久戦にありては守勢に立つことが多しといえども、攻勢をとるにあらざれば、目的を達成し得ざる場合もまた少なからず。 152

＊持久経営では、指導者の人間性が大きな役割をする。 156

＊持久作戦は政略との関係が複雑である。 156

＊持久作戦は、軍隊が精鋭で敵軍が攻撃をためらうか、敵軍が物資欠乏のため永く戦場にとどまれないかなどの、戦理上有利な条件が確実にある場合のほか、取るべきものではない。 159

＊持久作戦の成否は、決戦作戦の成敗に極めて重大な関係を持っている。 160

＊持久作戦にあたる主将および幕僚長の選定には深く考慮せよ。 160

＊持久作戦の統帥は頗《すこぶ》る困難で、とくに優秀な指揮官と幕僚とを必要とするほか、その作戦軍

には捜索《そうさく》連絡を確実にし、機動能力を増大し、さらに戦力を保持培養《ばいよう》するに必要な部隊や機関を付けることが大切である。161

＊ 持久作戦遂行の中核《ちゅうかく》となる兵団だけは、でき得るかぎり精鋭兵団を充当するように努める。161

＊ 持久作戦においては、敵軍戦力の消耗につとめ、我はとくに兵力の経済的使用に徹底して、戦力の消耗をさける。162

＊ 持久作戦においては、軍隊の士気を高めるため、あらゆる機会と手段とを利用することが、とくに必要である。162

＊ 持久作戦には機略が必要である。163

＊ 持久作戦においても、攻勢はつねにこれを尊重する。163

＊ 持久作戦においては「腹切り場」を定めておく。164

＊ 主決戦正面は、我が軍の企図にもとづき、彼我《ひが》の戦略関係とくに背後連絡線の方向・一般の地形・敵軍の配備及び特性とくに兵団の素質等を考慮してこれを決定す。194

＊ 陣地を占領せる敵に対しては、機動により、なるべく陣地外に決戦を求むるを可とす。200

＊ 守勢 200

せ

＊戦勝は、将帥が勝利を信ずるに始まり、戦敗は、将帥が敗北を自認するによりて生ず。故に戦いに最後の判決を与うるものは実に将帥にあり。 14

＊戦勝の要は、有形無形の各種戦闘要素を総合して、敵に優る威力を要点に集中発揮せしむるにあり。 15

＊戦闘部署の要訣は、決戦を企図する方面に対し、適時、必勝を期すべき兵力を集中し、諸兵種の統合戦力を遺憾《いかん》なく発揮せしむるにあり。 15

＊戦争における勝利は、計画の巧なるより、実施において意志強固なるものに帰す。 32

＊戦闘においては百事簡単にして精練《せいれん》なるもの、よく成功を期し得べし。 33

＊戦争においては、百を知るよりも一を信ずるにしかず。百の知識は一つの信念によりて撃倒《げきとう》せらる。 33

＊戦場における人知の活動は、科学の領域を離れて、術の領域に入る。 34

＊戦争は過失と錯誤《さくご》の連続であり、その一つでも少ない方が勝者である。 34

＊戦場において、普通に行動できれば、それで勇者である。 34

＊戦争は他の手段をもってする政治の継続にすぎない。 62

＊政治は目的を決め、戦争はこれを達成する。 62

＊政治の干渉が戦争を妨害することはない。そう思われているのは、政治の干渉がいけないの

ではなく、政治そのものが悪いのである。62

＊戦場における高等統帥の最も大切な仕事は、離れている兵団を適時戦場に招致《しょうち》し、これらを協同連繋《れんけい》させることである。78

＊戦略の語源はギリシャ語の詭計《きけい》である。しかし詭計が戦略ではない。79

＊戦争の最後を決するものは正々堂々たる決戦である。79

＊戦法は、第一会戦において変化の必要を示唆《しさ》し、爾後《じご》、会戦を重ねるに従って大きく変化する。83

＊全力をもって争う。99

＊戦闘の要訣は先制と集中にあり。99

＊戦闘部署の要訣は、決戦を企図する方面に対し、適時、必勝を期すべき兵力を集中するにあり。99

＊戦場は千変万化なり。100

＊戦争では予想外の事が現われることが多い。情報が不確実なうえ、偶然が多く働くからである。101・139

＊戦闘指導の主眼は、たえず主動の地位を確保し、敵を致して意表に出で、その予期せざる地点と時機とにおいて徹底的打撃を加え、もって速やかに戦闘の目的を達成するにあり。105

＊先制は部下に対しても必要なり。109

＊戦争の最終目的は防御では達成できない。　122
＊戦争とは、敵を屈服させて、わが意思を実現するための武力行使である。　124
＊精神力を失うことが、勝敗の分かれる原因である。そしていったん勝敗が決定すると、これはますますひどくなる。　124
＊戦場情報の大部は虚報である。　139
＊戦争においては、予見や広く見ることは不可能である。　140
＊戦略的には五里霧中《ごりむちゅう》の状況の中でも、ともかく戦術的利点だけでも押えこめば、敵状も、敵の出方も明瞭《めいりょう》になり、次に打つべき手段も生まれてくる。　140
＊戦略の主とするところは「兵団の分散集中を戦機に適応させ、その行動の目的と方向とを適切にすること」にある。　141
＊戦略的に拙劣《せつれつ》なる行動は、優秀なる戦術がこれをカバーした場合のほか、必ず敗戦に終わる。　141
＊戦術的勝利は、戦略的勝利に優先する。　141
＊戦場の覇者　143
＊戦闘の勝敗まさにわかれんとするや、戦勢混沌として戦闘惨烈《さんれつ》をきわむべし。　144
＊政略指導の主とするところは、戦争全般の遂行を容易ならしむるにあり。　171
＊戦争の経過にともなう幾多《いくた》の教訓は、諸般《しょはん》事象の改変と相まち、必ずや戦法その他の革新を

促す。 174
＊戦闘進捗に関し、方面軍司令官の最も意を用うべきは、戦局の推移をして、会戦指導の大方針にもとらしめざるにあり。 202
＊戦闘遂行 202
＊戦勝の効果を完全ならしむるは、一に猛烈《もうれつ》果敢なる追撃にあり。 204

そ

＊率然《そつぜん》 27・54
＊側近から「不決断なり！」と見くびられた君主は危ない。 111
＊捜索 184・185・188

た

＊戦いに最後の判決を与うるものは実に将師にあり。 14
＊大衆将兵の中に芽生えた不安の念が、大衆将兵自らの意志で支えきれなくなると、その依頼《いらい》心《しん》は指揮官の上に重くのしかかってくる。 43
＊戦いの道、必ず勝たば、主、戦うなかれというも、必ず戦う。 63
＊戦いは、正をもって合し、奇をもって勝つ。 77・79・176

＊ 戦いの法則は自らこれを案出し、または戦争間自ら新たにこれを発見したものの価値が絶大である。 82

＊ 代数的計画 91

＊ 大軍の統帥とは、方向を示して、後方を準備することである。 102

＊ 戦いは活劇なり。 108

＊ 大軍の指揮官は軽率に重大な決心をすることを厳戒《げんかい》せよ。 111

＊ 大軍の指揮における決心は「いつ、どこに、決戦を求めるか、または決戦を避けるか」である。 112

＊ 大軍の指揮における決心は、作戦の転機に適応すべきもので、小刻みに行うべきものではない。 112

＊ 第一会戦の成否が内外に与える影響は甚大である。 122

＊ 大軍の決戦時期の選定は統帥上重大なる問題で、政戦両略の要求に鑑み、かつ戦術上の要件をも考量《こうりょう》してこれを決定する。 135

＊ 大兵団の会戦実行は、その形は分散の態勢をとることもあるが、決戦にさいしてはその全勢力を一目標に向かい集中発揮しなくてはならない。 140

＊ 確かな成功の条件をつかむことなく決戦を避けていると、国土を荒されるばかりでなく、軍隊が消滅し、国は自滅してしまう危険がある。 159

＊大規模な退却守勢は、堅確なる意志をもつ将帥・精錬な軍隊・強固な政府・政府と軍隊を信頼する国民が揃《そろ》っていなくては実行困難である。 165
＊第一の会戦は、爾後《じご》における戦争指導に重大なる関係を有す。 192

ち

＊知識の理性を働かすには、その前に勇気の感情を喚起《かんき》しておかねばならない。 34
＊沈着の度は、心が平静に戻るまでの時間によってはかる。 140
＊諜報 185

つ

＊追撃 204
＊追撃の主とするところは、会戦の目的を達成するために、速やかに敵を捕捉《ほそく》し、これを殲滅《せんめつ》するにあり。 204
＊追撃部署において極めて重要なるは、その追撃目標および各兵団作戦地域の決定にあり。 205
＊追撃目標は、容易に敵を捕捉し得る場合のほか、勉めて遠き位置にこれを選定するを要す。 205
＊追撃間にありては、容易に敵の間隙《かんげき》を突破し得る機会多し。 206

て

＊敵に勝つことのできない者は将帥としての価値はない。　28

＊敵を致して大勝を博するためには、主動の地位に立ち、合法的に画策すべきはもちろんであるが、ときとしては奇法《きほう》に出て変則を応用し、かつある程度の冒険を敢行することが必要である。　79

＊敵将は一時に多くのことを考えすぎた。　99

＊敵に先んじて、自主的にわが意思を決定し、速やかに方針を確立することは、先制権を把握《はあく》し、積極主動の作戦を指導するための第一要件である。　104

＊敵の愛するところを奪わば、すなわち聴かん。　105

＊敵の意志・信念を撃摧《げきさい》する要道は、敵の最も苦痛とする場所と時機とにおいて、その最も苦痛とする戦力をもって、激甚《げきじん》なる衝撃を不意に加えることにある。　123

＊敵の後方連絡線を遮断しようとすれば、わが後方連絡も危険となるのが当然である。　133

＊敵もまた我と同一もしくはそれ以上の苦境にある。　144

＊敵が決戦の意図を持っているかぎり、結局、これを避けられるものではない。　159

＊敵軍の意表に出ずるは、戦勝の基をひらき、その成果を偉大ならしむるため特に緊要なり。　174

と

＊統帥《とうすい》の中心たり、原動力たるものは、実に将帥《しょうすい》にして、古来、軍の勝敗はその軍隊よりも、むしろ将帥に負う所大なり。14

＊統帥は、部下および敵の意思の自由を奪《うば》いて、これを自己の意思に従わせるものであり、統帥に関する学理は意思の自由に関する学理である。53

＊統帥は戦略・戦術と密接なる関係を有す。しかし戦略・戦術と統帥とは同じものではない。56

＊統帥とは、戦略・戦術を、意思の自由の本能を有する人間に適用することである。56

＊統帥者の意思は完全に自由を発揮しなくてはならない。62

＊統帥者と被統帥者の意思が一致しないときには、断固として自己の意思に従わせるか、あるいは快く、許しうべき範囲内において被統帥者の意思を尊重し、大なる雅量《がりょう》をもってその遂行を援助するかの、いずれかに徹底しなくてはならない。64・65

＊統帥者が、意思の自由を有する被統帥者の精神を準備することなく、卒然《そつぜん》として統帥命令を与えても、被統帥者は統帥者の意思を了解し、万難を排し、進んでこれを遂行せんとする熱意を持つことができないばかりでなく、その実行に際して行う独断は往々にして統帥者の意図外に逸脱する。69

＊統帥とくに作戦考案の実行は、整斉《せいせい》なる秩序と節調を保ち、つねにその軌道《きどう》を逸脱せず、円《えん》

滑《かつ》に目的まで到達するように実施しなければならない。　86
＊統帥の冷静慎重と秩序ある節度とは、兵団の大きくなるに従い、いよいよ必要である。　111
＊統帥の失敗は反動心理の衝動《しょうどう》にもとづくことが多い。　113
＊統帥の根源は指揮官の決心であり、命令は決心実行のための重要手段である。　114
＊統帥の本旨は、常に戦力を充実し、巧みにこれを敵軍に指向して、その実勢力特に無形的威力を最高度に発揚《はつよう》するにあり。　173
＊統帥の妙《みょう》は変通きわまりなきにあり。　175

な

＊内線作戦の計画においては、機動の自由を確保し、自ら戦機を作成して、適切にこれを捕捉利用する。　93
＊内線作戦の成否を決するものは敵の行動である。　95
＊内線作戦もまた状況によりしばしば偉功《いこう》を奏す。　182

は

＊幕僚とくに参謀長を信頼せず、しかもこれを更迭《こうてつ》する英断《えいだん》なき将帥は失敗す。　37
＊幕僚は所要の資料を整備して、将帥の策案・決心を準備し、これを実行に移す事務を処理

し、かつ軍隊の実行を注視す。 48

* 幕僚は指揮官の委任なければ、軍隊を部署する権能なし。 48

* 幕僚は決して指揮官ではない。 50

ひ

* ピンチはチャンスなり。 3

* 百を知るよりも一を信ずるにしかず。 33

* ピンチに陥った企業を救う途《みち》はコストダウンでもなければ、経費節減でもない。開発こそ企業蘇生の唯《ただ》一つの方法である。 122

* 非主決戦方面の兵団の行動は頗《すこぶ》る困難であり、しかも甚だ重大である。会戦の運命がこの方面の戦況に左右されることが少なくないからである。 137

ふ

* 武器なき人格者は滅びる。 29

* 物質的破壊は、精神的破壊をなしとげるための手段である。 124

* フランス軍の戦略的環境は、大敗した国境会戦時と大勝したマルヌ会戦時とにおいて、大差はなかった。 148

＊払暁攻撃　201

へ

＊平時の名将は、必ずしも戦時の名将ではない。　28
＊兵は拙速《せっそく》を聞くも、未だ巧なるも久しきを見ず。　33
＊兵は勝つを貴びて久しきを貴ばず。　33
＊平時における戦略的創造力と戦略的識見は、戦時においてはほとんど用をなさない。　35
＊兵力の運用を計画するにあたっては、有限の兵力をもって最大の効果をおさめ得るように、精神・物質両面において、経済的使用に努めるとともに、敵に不経済なる兵力使用を強要しなければならない。　78
＊兵は詭道《きどう》なり。　79・176
＊兵術は、分散と集中の技術である。　99
＊兵站　186・193・197・203
＊別動隊　196

ほ

＊凡案《ぼんあん》を非凡《ひぼん》に実行せよ。　33

この作品は、一九七九年四月にマネジメント社から刊行されたものに、著作権継承者の了解を得て若干の修正を加えたものである。

著者紹介
大橋武夫（おおはし　たけお）
1906年、愛知県生まれ。戦中は第12軍参謀・東部軍参謀・第52軍参謀（陸軍中佐）として活躍。戦後は倒産した東洋時計㈱の小石川工場を、東洋精密工業㈱として再建する。
独特の「兵法経営論」の提唱者として知られる。
著書に『兵法で経営する』『統率力と指導力』『リーダーとスタッフ』『絵で読む孫子』『図鑑兵法百科』『名将の演出（正・続）』『マキャベリ兵法』『クラウゼウィッツ兵法』『経営幹部100の兵法』など多数がある。
1987年、逝去。

PHP文庫　統帥綱領入門
会社の運命を決するものはトップにあり

2014年11月19日　第1版第1刷
2025年1月31日　第1版第2刷

著　者　大　橋　武　夫
発行者　永　田　貴　之
発行所　株式会社ＰＨＰ研究所
東京本部　〒135-8137　江東区豊洲5-6-52
ビジネス・教養出版部　☎03-3520-9617（編集）
普及部　☎03-3520-9630（販売）
京都本部　〒601-8411　京都市南区西九条北ノ内町11
PHP INTERFACE　https://www.php.co.jp/
組　版　朝日メディアインターナショナル株式会社
印刷所
製本所　大日本印刷株式会社

ISBN978-4-569-76140-4

PHP文庫

日本史の謎は「地形」で解ける

竹村公太郎 著

なぜ頼朝は狭く小さな鎌倉に幕府を開いたか、なぜ信長は比叡山を焼き討ちしたか……日本史の謎を「地形」という切り口から解き明かす！

PHP文庫

「戦国大名」失敗の研究

政治力の差が明暗を分けた

瀧澤 中 著

「敗れるはずのない者」がなぜ敗れたのか？　強大な戦国大名の〝政治力〟が失われる過程から、リーダーが犯しがちな失敗の本質を学ぶ！

PHP文庫

マキャベリ兵法

君主は愛されるよりも恐れられよ

大橋武夫 著

「君主の美徳が国を滅ぼすことがある」など、マキャベリの著書『君主論』『政略論』などから読み解いた、著者独自の兵法論を語る！

PHP文庫

経営幹部100の兵法

大橋武夫 著

昭和の経営者に絶大な支持を得た「兵法経営論」の大家による経営幹部100の心得。「状況判断と決心は違う」など兵法経営の要諦が凝縮。